U0381867

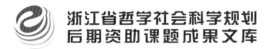

浙江省哲学社会科学规划
后期资助课题成果文库

与农业共生的城市：
农业城市主义的理论与实践

Yu Nongye Gongsheng De Chengshi :
Nongye Chengshizhuyi De Lilun Yu Shijian

高宁 著

中国社会科学出版社

图书在版编目（CIP）数据

与农业共生的城市：农业城市主义的理论与实践／高宁著．—北京：
中国社会科学出版社，2015.3
ISBN 978 – 7 – 5161 – 5747 – 3

Ⅰ.①与… Ⅱ.①高… Ⅲ.①城市规划 – 研究 Ⅳ.①TU984

中国版本图书馆 CIP 数据核字（2015）第 059044 号

出 版 人	赵剑英
责任编辑	宫京蕾
特约编辑	大 乔
责任校对	邓雨婷
责任印制	何 艳

出　　版	中国社会科学出版社
社　　址	北京鼓楼西大街甲 158 号 （邮编 100720）
网　　址	http：//www. csspw. cn
	中文域名：中国社科网　　010 – 64070619
发 行 部	010 – 84083685
门 市 部	010 – 84029450
经　　销	新华书店及其他书店

印刷装订	北京市兴怀印刷厂
版　　次	2015 年 3 月第 1 版
印　　次	2015 年 3 月第 1 次印刷

开　　本	710×1000　1/16
印　　张	15. 25
插　　页	2
字　　数	258 千字
定　　价	52. 00 元

夫稼者，为之者人也，生之者地也，养之者天也。
——《吕氏春秋·审时》

序　一

　　在城乡规划的领域中，农业与城市的关系问题既熟悉又新鲜。快速的城镇化使城市与农业空间完全割裂，并相距越来越远，而与此同时，由于人们对田园生活的向往和逃离城市压力的驱动，城市郊区的农业活动又以"农家乐""农庄""农业园区"的方式兴起，这使"城市农业"一词进入了中国规划者的视野。尽管规划者对于城市农业并不陌生，然而，迄今为止，农业既未能在物质空间上堂而皇之地进入城市建成区，也未能在理论研究中进入主流规划界的视野。因此，对于规划者来说，农业仍然是一个新鲜的命题。正如作者在文中所说，农业，是规划房间里的陌生人。

　　农业和食品通常被认为是乡村议题而非城市议题。食物的轨迹、食物的"来"和"去"不是传统的规划议题，对于城市来说，食物仿佛是从天而降、理所当然的，农业的存在是"若隐若现"的，只有在出现食品价格波动、食品安全危机之时，农业问题才浮现于城市的公共政策视野中。

　　除了被忽视，与农业相关的特征也往往被轻视甚至正在消失。不可否认，这些特征中有落后、守旧的消极内容，然而，不能把孩子和洗澡水一起泼出门外。尤其在城镇化率超过50%之后，农民、农业、农村会逐渐成为我们社会中的"少数派"，与农业相关的一切或许会因稀有而成为新的遗产。这些经过扬弃的遗产可能会包括：土地意识——对土地、环境和自然的敬畏；家族情结——互信互助、紧密牢固的熟人社会；封闭系统——取之于土地、还之于土地的自给自足的封闭式生态、经济、社会系统。这些遗产在某种程度上是中华民族传统道德和价值观的主要载体和表现形式。

　　反观城市，缺乏土地意识、缺少对自然的敬畏导致了种种城市病，重物质空间、轻社会结构导致了社区建设的空白点，过度开放导致了线性能源使用方式以及地方特色的丧失。那么，依托于农业的遗产会不会弥补当代城市发展缺失的一环呢？在城镇化率持续提升、农民持续减少过程中，人们能不能提升土地意识，重新思索人与土地、人与自然的关系？数据时代能不能重塑互相信任的熟人社会？在全球化浪潮中人能不能建立适度封闭的系统，适度闭合能源循环，保持地方身份和特色？这是一些看似矛盾的关系，然而中国的城乡分化已经表明了二元对立思维方式的机械性，那么换一种思路，从二元共生的角度去看，这些关系的共存或许就是可能的。

如果农业遗产对于城市的积极意义是可以成立的，将这些二元共生关系投影于城市物质空间中的直接结果就是使农业活动重新出现于城市的物质空间中。实际上，无论是对食品安全危机的本能反应，还是与自然亲近的本能，甚至是对庞大城市的潜意识批判，城市普通居民已经开始自发地挖掘土地和空间的农业生产潜力。而无论是否符合城市现行管理法规、无论是否属于规划的传统议题、无论规划者是否熟悉农业这个陌生人，这些行为已经使农业活动出现于城市的物质空间和规划者的工作领域。农业或可以成为城市产业，农田或可以成为城市内部的用地。

如本书中所描绘的，城市中的农业活动带来了一些新的现象，如新型的城市景观，新型的社区交往平台，新型的垃圾利用方式等。在这一过程中，人们可以培育对于土地的情感、增加社区活力、闭合有机能源循环。更为重要的是，这或许是一种社会化的、分散式参与城市建设的可能。在网络和可再生能源主导下的新经济模式中，简单的自上而下或者自下而上的金字塔结构转向扁平化结构，这也将或多或少地影响城乡建设的过程和模式。

本书从微观的、生活化的视角切入描述了这一城市发展的新的可能性。但是，正如作者所意识到的，在种种城乡问题面前，农业只是其中的一种观点和视角，既非灵丹妙药也不能毕其功于一役，农业的观点是可能性而非终极诉求。这意味着，农业最终能否合法地进入城市的物质空间并不重要，重要的是，在关注这一领域和观点的过程中，对附着于农业之上的有益遗产的挖掘和争论，对农业本身所具有的和谐、自足、顺自然之道的内核的思考和尊重，以及规划师对于非传统领域、对于城市发展过程中新的可能性的敏感和包容，进而从这个可能性触发具有更大价值的城乡发展可能性和途径。

浙江大学城乡规划与设计研究所所长、
浙江大学建筑工程学院教授：

2013 年 12 月 10 日

序　二

　　2011 年，在完成世博会的设计任务后，我休养了一段时间。居家的日子里，我在小区角落里撒了些种子，种了些时令蔬菜，认识了些原本见面不打招呼但现在跟我请教种植技术问题的邻居。想来，每个人心里一亩田。随后，我回到公司，组建了 V-ROOF 团队，开始把这亩田挪到城市的屋顶上去。在这过程中我总被这些问题困扰：农业能够重回城市吗？除了屋顶，农业能够和更多的城市空间融合吗？农业在促进城乡融合的过程中应该扮演怎样的角色？为了给这亩田寻找稳定的合法的空间，也为了解答这些问题，东联设计集团与浙江大学建筑工程学院成立了创研中心，借此，我结识了有志于从事城市农业研究的作者高宁。

　　感谢作者让我有幸参与到此书中来，与此书的相遇如同偶然间打开了一扇注定的门。我出生成长在农村，自幼从事各种农事活动；如今生活工作在城市，在城市的繁荣和繁忙中早已遗忘了那片熟悉的故土，城市和乡村之间的这扇门在我心里已经关了许久许久。离家二十多年了，那些记忆中的温馨场景被城市制造的垃圾掩埋再掩埋。作者打开的门如同打开了我丢失的记忆，打开了我回到原点的通道，带我回到那片早已陌生的土地。纪录片《舌尖上的中国》感动了无数中国人，正因为中国大量的传统文化直接源于传统的农耕文化，这些文化的传承依赖农业生产的延续，最终通过舌尖击中了我们的思乡之情。

　　狄更斯在《双城记》的开头这样写道："这是最好的时代，也是最坏的时代，一切都在崩塌，一切又都在重建。"对于中国来说，这也是我们现在正在书写的"城乡记"的真实写照。在这个改变、反思和重建的时代，作者希望为长期以来备受忽视的农业正名，使农业进入更多规划师的视野，使城市中重新出现能够耕作的土地。不管是城市中产阶层的"出城市记"还是乡村劳动力的"出乡村记"，都是为了寻找"流着奶与蜜的土地"，"土地"始终是人类美好情感的根基。中国式的城市农业正在艰难地破冰萌芽，一些微不足道的耕作土地分布在城市的角角落落，面对这种细微而又琐碎的问题，我们既可以不屑一顾，也可以如作者一般，看到它的可能性。如果能够在城市中为农业留下立足之地，如果能够让农业与城市的其他要素产生关联，城市农业或许就能够成为连接城乡的一种通道。

狄更斯在《双城记》的结尾则是这样写的："我现在已做的远比我所做过的一切都美好。"以此与作者及其他同行者共勉，愿我们正在做的远比我们曾经做过的都美好。

东联设计集团首席设计师：朱胜萱

写于 2013 年 12 月 22 日冬至夜

自　序

　　农业，对我国的规划领域来说，是个陌生人。然而，如今农业活动正在城市中悄然兴起，并有星火燎原之势，农业这个陌生人已经走进了规划的房间。面对这个陌生人，我们应该怎么做？不经审视便将之逐出门外？视而不见，任其在规划的房间里闲逛？还是尝试与其沟通，并使其成为房间里的一员？

　　作为对这个陌生人略知一二的房间成员，我希望更多的成员能够接纳这个陌生人，并尽力成为一个合格的介绍者。

　　首先，说明这个陌生人与规划房间的渊源：他曾经是我们的一员，但由于价值观的差异，他离开了我们的房间。实际上，规划房间中仍有许多人没有忘记他并持续地在关注他，许多国家的规划房间也已经接纳了他。因此，现在是时候正式重新认识他了。

　　其次，说明这个陌生人的价值观与我们的价值观并不矛盾：农业与城市是可以共生的，农业生产是美丽的，农业需要的空间不多，分散的微行动就可以使普通市民的生活更美好。实际上，这个陌生人的价值观是对我们价值观的有益补充，用他的眼睛看城市，我们或许会发现城市新的发展方向。

　　接下来，详细介绍这个陌生人：农业在城市背景中具有多种功能，这些功能对城市是有益的，甚至是城市急需的。而要想获得这些功能，我们就必须对这个陌生人有所回应，与他展开互动。

　　重要的是，给这个陌生人在规划房间中找到位置：首先，正视这个陌生人——赋予农业在规划体系中的法定地位；其次，告知这个陌生人活动范围——在空间上进行农业与城市的联合，实现兼农的城市空间模式。

　　最后，帮助这个陌生人与房间里的其他成员建立联系：建立农业技术与城市生态卫生技术的联合以形成闭合的城市食物系统；建立农业活动主体的行为联合以形成双向的多元参与机制。这种联系能够帮助这个陌生人在规划的房间中长久停留，甚至成为永久居民。

那么现在，就让我们开始认识这个陌生人吧。

目　　录

导　　读

　　农业活动已经逐渐渗透到我国的城市中，但目前城市中的农业活动仍处于灰色地带，境遇尴尬；而世界各国的城市规划建设，已经普遍将农业视为有益的城市功能要素，将农业上升到城市公共政策的层面，开展农业与城市的关系研究，并出现了以农业的视角组织城市空间的城市规划思想。因此，有必要基于我国城市的特点对这种新的城市现象进行判断和研究，并进一步提出农业与城市联合的规划思想即农业城市主义，用以引导我国城市中的农业活动并形成新的城市空间模式。

　　本书遵循"预判—价值审视—内涵阐释—模式建构—实践检验"的行文逻辑，通过资料分析、问卷调查、价值观审视，预判农业城市主义在我国的适用性；在对城市规划价值观进行审视和反思后，引入农业社会学理论阐释农业城市主义规划思想的内涵，并进一步建构和实践农业城市主义的空间模式。

　　本书通过对资料的分析，指出国际及国内规划建设领域对城市与农业关系问题的关注度正在上升，农业城市主义正在成为城市规划新的研究领域，农业与城市的联合能够形成新型的闭合自循环城市发展模式。

　　本书通过价值观审视，认为农业城市主义的价值观是对城市规划核心价值观的有益补充，它包括农业与城市共生的目的导向、日常生活美学的审美导向、强调城市弱势群体的服务导向、分散微行动的建设模式导向四个方面。

　　本书引入农业社会学学科中的农业多功能性原理，阐释农业城市主义思想内涵：农业城市主义的目的——发挥城市中农业的多种功能，实现农业与城市的共生；农业城市主义的实现途径——农业对城市的整合机制即联合生产，城市对农业的响应机制即公共物品供给。

　　本书建构了基于农业城市主义理论的城市发展模式：农业与城市的空

间联合形成兼农的城市空间模式；农业与城市生态卫生系统的技术联合形成闭合的城市食物系统；农业参与主体的行为联合形成双向的多元参与机制。其中，空间联合是主体，技术联合、行为联合是支撑系统。行文中从城市规划和城市设计两个层次分析农业在城市中可能的用地和空间：在控制性详细规划的层次上确定农业的法定地位，分析农业与城市建设用地的兼容性并提出控制指标体系；从城市尺度、社区尺度、建筑尺度和场所尺度分析农业在城市中可能的存在空间。书中提出了包括嵌入提升和整合重构两种以社区为基本空间单元的农业与城市联合的空间模式，并以两个案例分别进行验证。

农业城市主义的研究是必要的，在空间上是可能的，在技术和参与机制上是可行的。在农业城市主义规划思想的引导下，能够形成与农业共生的新型城市空间模式。

第一章

绪　　论

第一节　研究缘起、目的及预判

一　研究缘起

（一）城市农业，接受还是排斥

2012年5月，纪录片《舌尖上的中国》播出了最后一集《我们的田野》，伴随着"这些离天最近的劳作者，恐怕很难想象，在人口稠密的大都市，人们怎样来感知自然的气息"的旁白，摄影师的镜头从青藏高原上的青稞种植者转向了北京胡同里的屋顶菜园。镜头中的北京人张贵春辛勤地在屋顶培土、施肥，在一派生机盎然的菜园中种菜、逗鸟、收获、宴请邻居，感知自然的气息。这场景呼应着本集的开场白："中国人说，靠山吃山、靠海吃海，这不仅是一种因地制宜的变通，更是顺应自然的中国式生存之道。"纪录片播出后，北京市屋顶绿化协会邀请张贵春为其他会员推广屋顶种植技术，来参观的市民和媒体更是络绎不绝（如图1.1）。

图1.1　左：张贵春的屋顶菜园　资料来源：孙菁荗：《屋顶菜园——张贵春给城市的一份礼物》http：//blog. sina. com. cn/s/blog_ 98eb12210100zvjp. html。

　　右：杭州被拆除的屋顶花园　资料来源：http：//www. zj. xinhuanet. com/news-center/sociology/2012－09/22/c_ 113168771. htm。

然而，杭州市民冯先生则没有这么幸运。据2012年6月20日杭州《今日早报》的《屋顶"空中花园"被当违建遭拆除》报道，冯先生耗时近一年、花费百万、由浙江大学生命科学学院草坪花卉研究所设计，并由专业园林公司施工打造的 50 平方米的屋顶花园遭到强拆，冯先生遂与实施拆除的滨江区城市管理执法局对簿公堂，请求法院撤销该局作出的处罚决定。在 8 月 15 日的后续报道中，杭州市滨江区法院一审判决冯先生败诉。在 9 月 22 日的关于该案二审的后继报道中，法官表示将到实地查看"空中花园"后，结合庭审情况再作出判决（图 1.1）。令人尴尬的是，这个被当作违章建筑拆除的屋顶花园，原本被推选为 2012 年 10 月在杭州召开的 2012 世界屋顶绿化大会的示范作品，并且是唯一的个人住宅屋顶绿化示范①。

　　2012 年 11 月的《三联生活周刊》报道了上海的"天空菜园"（详见第八章第一节），这是由景观设计团队在城市屋顶实施的系列城市农业项目②。设计团队在城市屋顶上实验和实践着对"田园"的理解。

　　2013 年 6 月 19 日，同济大学《景观管理政策与法规》课堂辩论会以"社区绿地能不能种菜"为主题，得出了如下主要结论：（1）小区绿地从产权上属于全体业主所有，可以经业主大会通过，划出特定的区块作为菜园，可以以居民租种或者招募志愿者的方式，进行养护及收获。（2）业主大会通过的决议，应包括划定菜园区块的空间界限（中心活动绿地种菜是不合适的，可在稍微边角之地），同时必须出台社区种菜管理规定：包括对于蔬菜品种选择、是否围挡、施肥方式（避免气味干扰居住）、病虫害预防及治理、裸土管理、废弃材料的处置等方面，对于产出菜品的归属，亦须做出规定。（3）社区菜园的主要价值在于其社会功能：社区绿化是从菜园、果园、药草园发展而来，本就是可产出的，时至今日，其使用价值越来越低，城市绿化千篇一律粗放管理等问题亦饱受诟病；当前老旧小区经费不足绿化失维问题相当普遍，而社会老龄化的现状又有充足的社会能量需要释放，可以以菜园为突破口恢复社区治理③。

　　2013 年 7 月 9 日杭州《钱江晚报》报道，杭州涌金门社区联合杭州市农业局打造"涌金菜园"，尝试在车棚顶和楼道上开辟菜园，收成统一

---

① 详见杭州《今日早报》2012 年 6 月 20 日、8 月 15 日、9 月 22 日。
② 详见 2012 年 11 月 5 日出版的《三联生活周刊》，2012 年第 44 期。
③ 详见同济大学建筑与城市规划学院景观学系刘悦来老师的新浪微博。

转送给社区居民、困难家庭、低保户等①。

实际上，除以上典型的各类媒体信息外，近两年来，城市中市民自发的农业活动屡见不鲜，阳台、屋顶、街头绿地、小区绿地中都有农业种植者甚至鸡鸭养殖者的身影（如图1.2），媒体的相关报道也屡屡见诸报端、网络，并引发了一系列争议。学者、市民、城市管理人员对于中国的城市中是否应该有农业活动的存在以及如何管理往往各执一词，莫衷一是。既有学者（蔡建明等，2004；马杰等，2006；宁超乔等，2006；单吉堃，2006）呼吁将农业活动纳入城市规划中来，也有社区物管制定政策禁止在社区中进行农业活动；既有市民热火朝天地开荒种菜、养鸡养鸭，也有市民不胜其扰屡屡举报。由于用地权属以及城市管理制度等问题，我国的城市农业活动在城市中处于灰色地带，而在食品安全危机频繁爆发，"蒜你狠""火箭蛋"等食品价格巨大波动的社会背景中，城市居民对于农业活动的热情更加高涨。农业，已经敲响了规划房间的大门。那么，对于城市农业活动究竟应该是接纳还是排斥？

图1.2　左：浙江大学紫金港校区附近的街头菜园
中：杭州主城区内某块闲置开发用地完全成为菜园
右：笔者所住杭州主城区小区内的养鸭阿姨
资料来源：自摄。

（二）农业，规划房间里的陌生人

农业，是规划房间里的陌生人。英国政府经济和社会研究委员会（UK Government Economic and Social Research Council，简称ESRC）曾经就"规划者对城市食物生产的态度和了解程度"以及"对城市食物生产的管治和协调"在全国市级规划部门开展调查。调查结果显示，有47%的规划师宣称对城市农业仅有较低水平的了解，仅有22%的人宣称有较高水平的了解；在"对城市食物生产的管治和协调"方面，25%的受访者认

---

① 详见杭州《钱江晚报》2013年7月9日。

为国家政策对城市食物生产给予了足够的关注，38%的受访者则认为国家政策给予城市食物生产的关注过少；在 32 个规划部门中，只有一个部门表示曾经收到一个专门的城市食物场所的规划申请（Howe 等，2001）。直至 2000 年后，这一状况才开始逐渐改变，作为一种新的规划视角和实践领域（而不是新利益领域），国外规划界开始关注农业、食物与城市的关系。食物里程研究、慢食运动的出现使得规划者对于食物系统的关注不断增长，对于城市养蜂、城市养鸡、社区堆肥的争论使国外规划者主动或者被动地将此类问题纳入了规划工作的领域中。而在我国，这一研究方向尚未进入规划界的主流视野。目前我国对于城市农业的研究多集中在农学、经济学领域，规划、建筑、风景园林领域鲜少有对城市农业的系统研究和分析，对我国的规划师来说，农业是完全的陌生人。

在城市规划的领域里，城市农业本身便是一个亟须"自我辩护"的事物和概念框架（董正华等，1999）。实际上，霍华德（Ebenezer Howard）在《田园城市》中就已经展开了对农业的辩护："问题在于大家似乎都认为：……我们现在这种把工业和农业截然分开的产业形式必然是一成不变的。这种谬误非常普遍，全然不顾存在着各种不同于固有成见的可能性。"（霍华德，2010）。但是，很可惜，霍华德的辩护显然尚没有得到我国规划界的认可。长期以来，我们习惯于将城市与农业割裂和对立起来，认为城市与农业是天然排斥的，尤其在快速城镇化的浪潮中，在城"进"农"退"的过程中，城镇化似乎天然就应该是"去农业化"，"城市农业"似乎是一个自相矛盾的命题，因此很容易被规划师忽视甚至备受怀疑。工业化的便捷的食物体系使得城市接受乡村的供养变得更加理所当然，进而被视而不见。食物从哪里来、又到哪里去这一与所有人息息相关的基本生存问题成了规划师的盲点。

与农业和食物相关的问题一般被视为全球或国家的战略性问题而非地方问题，被视为经济问题而非空间问题，被视为乡村的问题而非城市的问题。规划师通常认为，农业和食物问题与己无关，与农业和食物相关的规划是其他人或其他部门（通常是农业部门）的责任。即使是在乡村规划中，规划师也通常选择性无视农业，优先考虑农"村"这一更为传统的物质空间建设领域，或者仅将农业空间视为一般的生态基底。在食品安全危机、食品信任危机爆发前，农业和食物问题很少进入城市议题的范畴，对城市中的农业活动进行系统规划的需求也未产生。此外，目前几乎没有可用的方法和技术手段能用来衡量规划决策对城市中农业和食物问题的影响，也没有力的数据能用来说明城市中农业问题的重要性和对城市发展的影响，更没有完整的可操作的程序对城市农业的空间进行系统安排，而具有明确量化方法、充分数据和完整程序的问题往往会获得更多的关注和更高的优先级，相反，则容易被忽视和轻视。总之，与农业和食物相关的问题并不是规划领域的传统议题。在规划部门，目前除了住房、交通等传统议题，以及生态、大数据等热点议题，规划师几乎没有多余的权力和精力也鲜有相应资金的支持去考虑额外的非传统非热点议题。农业对于城市有何种重要的意义，城市中是否会有农业要素，城市中哪些空间适合农业的发展，农业与城市之间是怎样相互作用的，这些问题对于规划师来说都是陌生的。

对于城市管理者来说，我国城市中自发出现的农业活动（小菜地、鸡鸭饲养等）更是处在"无人相识"甚至"不愿相识"的尴尬境地。不同地区、不同管理主体对待这些农业活动的态度也不尽相同，或者"不相识"——不知该如何管理，或者"不愿相识"——全盘禁止。对此类活动的管理也处于无法可依、无主体可依的尴尬境地，而限制、禁止和整改的管理方法往往效果不佳。这些自发的农业活动多在2009年之后产生，这与我国食品价格上涨，食品安全、食品信任危机频发的社会背景有直接关系。而无论是食品价格问题还是食品安全问题，在近几年都处于集中爆发的状态，这种状况要得到彻底的改变将会是一项长期和综合的任务。相比之下，对城市中已经出现的农业活动和农业需求进行引导和管理则要相对迅速，对于解决更为宏观的食品问题也会是有益的补充。

相比较城镇化、乡村发展等宏大的战略问题，城市中自发出现的农业活动是"细微"的，然而这个问题与食品安全，与低碳城市建设，与城乡融合、地区融合息息相关，细微但并不卑微。实际上，对于城市来说，食物是必需的，而农业仿佛是可有可无的，这才是真正的悖论。因此，或许是时候结识"农业"这个陌生人了。

二 研究目的：与农业联合的闭合有机循环城市

第一次工业革命开始之前，城市与农业处于共生的状态，城市是有机循环的一部分：城市中有机垃圾返回乡村，为农业生产提供肥料，城市既消耗食物也生产肥料。随着工业革命和城镇化的进行，城市人口集聚，随之生产了越来越多的非有机垃圾；与此同时，乡村凋敝，农民被切断了与土地的联系，城市也切断了与乡村的联系，城市与乡村的有机循环被打断；城市中垃圾随处可见，污水无处可去，城市卫生状态迅速恶化，污染以及霍乱等疾病使 19 世纪的工业化城市面临严重的公共卫生问题。为解决这一问题，19 世纪末大部分工业国家开始使用集中供排水系统以及水冲厕所（便器），这就是"末端"处理技术（"End of Pipe" Technology），亦称"集中式"处理技术（郝晓地等，2010）。毫无疑问，这种技术极大地改善了城市卫生状况，然而，双刃剑的另一面便是阻断了粪便、尿液、有机垃圾重回土地的循环，导致工业化后的现代城市切断了与乡村的联系，脱离了有机循环，成为"黑洞"般的资源消费者并且"不事生产"——几乎不再具备生态生产能力。这形成了备受诟病和质疑的资源单向线性利用方式，这样的方式显然是不可持续的。在我国城镇化率已经超过 50%，城镇化进入深度发展的阶段，城市需要新的发展思路。

哲学理论表明，历史进程是螺旋式上升的，由肯定到否定，再由否定到否定之否定（或新的肯定），就出现了仿佛回到原来肯定的"往复"过程。即由自身出发，仿佛又回到自身，并在这个过程中得到丰富和提高的辩证过程。这样的多个周期叠加，历史进程便呈现出螺旋式上升状态。城市发展作为历史进程的一部分，自然也符合否定之否定哲学规律的发展过程。城市从本就是有机循环组成部分的状态出发，虽然在工业化的时代脱离了与自然、与农业的联系，否定了有机循环，然而在后工业时代，必然会在技术发展、认识提高的前提下，上升到重新成为有机循环组成部分的新模式（如图 1.3）。在这个过程中，农业这种天然的闭合有机循环系统得以重新回到城市中，与农业联合的城市上升到新的闭合有机循环的状态。

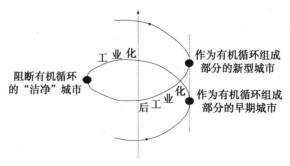

图 1.3 城市的螺旋发展模式①

① 本书中所有图片及表格除特别标明外，均为自绘或自摄。

三　研究预判：农业是城市的希望，不是城市的问题

无论在城乡规划领域还是其他领域，都存在这样一种规律，那就是任何一个单一方向的思想或运动总会催生一个相反方向的思想或运动，城乡的发展就在这两种方向的角力中曲折前进。当大拆大建大行其道时，对历史建筑、历史文化名城的保护规划被提上日程；当重"红线"轻"绿线"被视为理所当然之时，先画"绿线"的"反规划"出现；当全球化带来种种"审丑"建筑的时候，将地方化作为价值体系的乡土建筑获得了普利策奖的青睐；为扭转重城市、轻乡村的趋势，"城市规划"更名为"城乡规划"。实际上，在任何领域中，都难以找到绝对的直线形的"正道"，正是这些相互影响和牵制的双向运动产生的合力引导了事物的平衡发展。如上节所述，城市发展也是符合螺旋式上升的哲学规律的，那么，在加入这种双向运动的考虑后，可以认为，城市的发展是一个类似于 DNA 结构的双螺旋式的上升过程，既符合否定之否定哲学规律，也体现了城市在双向运动合力作用下的发展规律（如图 1.4）。那么，在城镇化如黑洞般将乡村的物力、人力席卷进去的时候，在城市与农业在空间上一进一退的时候，在规划师普遍有意识或无意识具有"去农业化"思想的时候，农业对城市的"逆袭"就是顺理成章的了，近年来规划建筑景观领域对城市与农业关系问题的关注就具有了一定的必然性，农业城市主义思想应运而生。

面对种种城市问题，我们需要的不仅仅是更新的技术、更多的财力，还包括更新的发展理念（Steel，2012）。实际上，农业或许

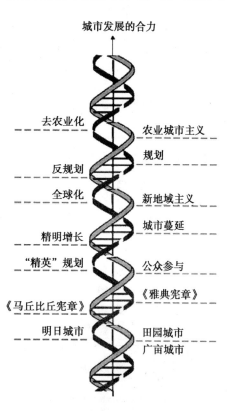

图 1.4　城市的双螺旋发展模式

是城市的希望，而不是城市的问题（如图1.5）。既然线性的系统是难以为继的，那么，继续"去农业化"的发展道路，但设法在城市与乡村之间建立大的闭合循环如何？让我们来看，城市的集中式垃圾处理设施能力早已饱和（贾子利，2011），由于我国的餐厨垃圾资源化技术和应用尚处于初期阶段，对餐厨垃圾的处理依然以传统的填埋为主，真正得到无害化处理的比率不到20%，处理物的实际循环利用则更少（姜虎等，2010）。由此看来，城乡之间的大的闭合循环系统难以建立，或者说城乡之间存在"微弱的闭合循环"。在这种情况下，城市周边乡村的农地得不到充足的肥力补给，土地更加贫瘠，食物生产的质量和数量下降；进入城市的食物

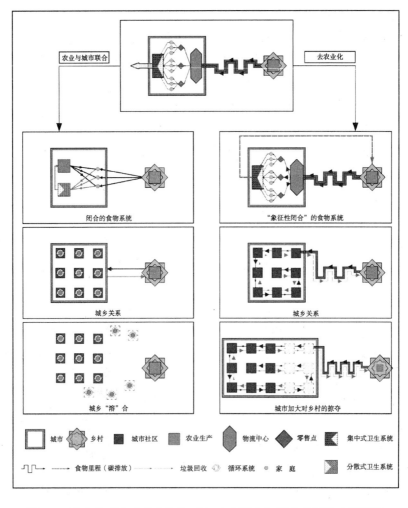

图1.5　城市的"去农业化"和"与农业联合"两种发展模式示意图

经由物流中心、批发商、零售点的层层加价，价格翻倍，消费者利益受损；而城市生活垃圾的层层转运也带来营养流失、二次污染的问题；当城市进一步扩大、城市人口进一步增多，城市势必将加大对乡村的掠夺，城市周边贫瘠和日益减少的土地显然不足以供给城市所需，那么只能继续增加食物里程，以更广阔的腹地来供养城市，在这种情况下，闭合的循环仍然是微弱的。

现在，换一种思路，在城市中纳入农业这种天然的循环系统，并在这个系统中寻找灵感。在与农业联合的城市中，城市社区可以就地得到部分食物补充，城市对于食物外来输入的依赖减少；城市食物消费者与周边腹地的食物生产者建立直接对接的扁平化短链供给关系，中间环节减少；城市社区建立起围绕食物生产和有机垃圾回收的闭合的分散式生态卫生系统，减轻了城市集中垃圾处理设施的压力，在尽可能大的程度上实现食物自给和排放减少；乡村在被掠夺的压力减轻后，有机循环的状态恢复；在这种情况下，城市以一种生产性闭合有机循环单元的模式进行扩展，在已存在的城市连续建成区外，城市边界模糊甚至"溶"解，与同样有机循环的乡村实现"溶"合。在这种模式中，农业可能会是城市重新回到有机循环状态的希望，是新型社区交往空间的希望，是新型城乡关系的希望。《人民日报》曾在2012年6月刊登了题为《将农业引入城市》的文章，态度鲜明地认为"城市农业不仅仅是'城市农民'享受田园之乐的'小打小闹'，还是调整城市功能、完善其生产和生态结构、为城市可持续发展提供第一产业支持的重要手段"[①]。农业或许是城市的希望，不是城市的问题。

第二节　基本概念及研究范围

一　基本概念

（一）城市农业

在城市与农业关系研究中，最常见的概念为城市农业、都市农业，对应的英文术语主要有 Urban Agriculture、Urban Farming、Metropolitan Agri-

---

① 邢雪：《将农业引入城市》，载《人民日报》2012年6月15日，http://news. xinhuanet. com/city/2012-06-15/c_ 123287458. htm。

culture、Agriculture in City Countryside 等，其中 Urban Agriculture 使用最为频繁。1977 年，美国农业经济学家艾伦尼斯发表了《日本农业模式》一文，明确提出了"Urban Agriculture"一词（朱乐尧等，2008）。加拿大国际发展研究中心（IDRC）环境与自然资源部专家穆杰特（Mougeot）对城市农业的定义为：位于城镇内部或边缘，循环利用自然资源，同时充分利用城市内部或周边的人力资源、产品和服务，为城市生产、加工或销售各种食物、非食物产品或服务的产业（Mougeot，2000）。这是诸多城市农业定义中接受度较高的一个。

然而，在对城市农业概念和所涉及范围的理解上，中外学者有较大差异。尽管国外学者将城市内部和城市边缘都纳入了城市农业的研究范围，但更多地关注城市建成区内部的农业活动，认为就近和就地的农业生产对于解决城市食物问题乃至城市综合问题更有价值和意义。无论在学术会议还是学术期刊中，国外学者所提的"Urban Agriculture"一词更多与城市建成区相关联。而我国的学者普遍认为在城市建成区发展农业是不必要并且不可能的，将关注点放到了城市郊区。当然，这一状况与我国快速城镇化阶段的大背景有关系，在粗放的城市发展过程中，要求学者将农业再次纳入城市的范围是不切实际的。此外，这一状况也是与对城市农业的研究主要在农业学科领域内开展有关系的，该领域的学者甚少会触及传统上属于规划学科的城市建成区空间和城市建设用地。但是，如此一来，我国城市农业的内涵大打折扣，并丧失了与世界城市农业研究同步的可能，在国际交流中也容易带来歧义。

此外，笔者曾经就"城市农业"开展问卷调查，并将调查人群分为普通城市居民和规划建筑景观领域从业者两大类。调查开始之初，笔者发现无论是普通城市居民还是专业人员，对于"城市农业"一词的认知都相当模糊，对于城市农业发生的地域范围也没有明确认知，大部分被调查者认为"城市农业"是指郊区各类农业园以及城市周边乡村的农业。在对于"城市农业"一词的认知上，专业人员并不比普通居民更为清晰。为此，笔者修改了调查问卷，明确了调查针对的是城市内部的农业活动（详见附录）。尽管我国的"城市农业"或"都市农业"中有"城市""都市"的字样，但长期以来我国"城市农业"的研究存在盲区，未能将触角触及城市建成区，而是将城市和农业视为两个几乎毫无关系的系统，"城市"一词仅为"农业"提供了区位限定，该概念也并没有为规划学科提供更多可利用的内涵。

因此，笔者认为，在规划学科对城市与农业关系的研究中，不宜沿用国内已成定式的城市农业概念，而应该提出更具有学科特色的名称、概念和研究体系。该概念应尽可能表明与规划学科的"血缘关系"、简洁并能够在新的研究体系中与国际研究对接。实际上，近年来，国际规划建筑景观领域出现的相关理论均或多或少地强调了该理论与传统城市农业理论的不同以及学科特色（详见第二章第一节）。为此，笔者使用"农业城市主义"一词来代表与农业联合的城市规划思想，并强调在本书中出现的"城市农业"一词仅用来描述城市建成区中出现的农业活动现象，而并无学术含义。

（二）农业城市主义

1. 英文名称："Agrarian Urbanism"

在对城市与农业关系问题的研究过程中，笔者并无意提出一个全新的名称，而是致力于阐释城市与农业联合的规划思想的内涵，因此笔者从目前为止世界范围内最具有代表性和体系相对完整的相关理论中［详见第二章第一节，包括如 Continuous Productive Urban Landscape（生产性城市景观）、Food – Sensitive Planning and Urban Design（食物敏感型规划与城市设计）、Food Urbanism（食物都市主义）、Agrarian Urbanism（农业城市主义）］选择了"Agrarian Urbanism"一词。农业城市主义（Agrarian Urbanism）一词由新城市主义（New Urbanism）的代表人物安德雷斯·杜安尼（Andres Duany）于2009年作为一种新型的社区规划方法提出，并将其视为新城市主义的发展。需要说明的是，本书的农业城市主义并不是杜安尼所提出的"Agrarian Urbanism"的简单移植，而实际上是建立在对与之相关的一系列国外理论研究基础之上，并基于我国现状所提出的一种城市与农业联合的规划思想。

笔者之所以选择"Agrarian Urbanism"一词，一方面由于与其他类似的理论名称相比（与 Continuous Productive Urban Landscape 以及 Food – Sensitive Planning and Urban Design 相比），该名称较为简洁，利于行文。另一方面，"Agrarian"一词在美国韦氏词典官方网站中的解释为"of or relating to fields or lands or their tenure"，在美国牛津词典中的解释为"connected with farming and the use of land for farming"；而更为习见的"Agricultural"在美国韦氏词典官方网站中的解释为"of, relating to, used in, or concerned with agriculture"。可以看到，相较"Agricultural"，"Agrarian"更强调与土地的关系。这一观点在南京农业大学王思明教授的研究中也可

以得到印证："Agrarian 源于拉丁语 agrarius（field），表明它与土地的密切关系，有时可与 agricultural 互用；agricultural 也源于拉丁语，但它强调的是 cultivate，侧重生产和技术方面（包括动物与植物的生产）……一般来说，agricultural 只是 agrarian 的一部分……其所指或侧重是不同的。"（王思明，2003）由于土地的利用是规划学科的核心内容之一，因此与"Food Urbanism"一词相比，"Agrarian Urbanism"更能表明与规划学科的"血缘关系"，更适用于规划学科。

实际上，杜安尼在 2009 年最初提出的理论名称为"Agricultural Urbanism"，而在 2011 年出版的 *Garden Cities：Theory & Practice of Agrarian Urbanism* 一书中，则将该理论名称改为"Agrarian Urbanism"。在该书中，杜安尼也对这一变化作出了说明，他认为："Agricultural Urbanism"除了支持农业在经济上与城市的联系外，并不支持农业在物质空间和社会层面与城市的联系。而"Agrarian Urbanism"则指社会生活的各个方面均与食物、农业相关联的居住方式。或者说，居住的空间形式支持有意识的农业活动（Duany，2011）。

2. 中文名称："农业城市主义"

笔者对"Agrarian Urbanism"的翻译则沿用了国内对于"New Urbanism"一词中对"Urbanism"的翻译，称其为"农业城市主义"。实际上，对于"Urbanism"一词的含义，同济大学孙施文教授曾经做过详细的考证，认为"Urbanism"的含义包括两部分："一是城市居民独特的生活方式，二是对城市社会的特征和物质需求进行的研究。因此，本不应该从"主义"的含义去理解'Urbanism'一词，而应理解为'规划设计'之意，将'New Urbanism'一词翻译成"新城市规划/设计"可能更为合适。但是，后现代理论家之所以更喜欢使用'Urbanism'而不是'urban planning'或者'urban design'，是因为更希望把城市规划和城市设计视为一个整体，而不是将其割裂。"（孙施文，2006）

因此，在本书中，之所以将"Agrarian Urbanism"译为"农业城市主义"，并非以"主义"哗众取宠，也并没有"主义"的英文单词"doctrine"所包含的教条、学说之意，而是一方面为显示"农业城市主义"与"新城市主义"的渊源，另一方面，"农业城市主义"的确同时包含了城市规划与城市设计的内容，并且难以分离；此外，如译为"农业城市规划/设计"难免产生歧义，而译为"城市农业规划/设计"又不能达到与

"城市农业"区别的目的；再进一步，农业城市主义实际是一种城市与农业联合的规划思想，但"城市与农业联合的规划思想"一词过于冗长且更像一种解释而非一个名称，不利行文。因此，综合种种考虑，笔者选择"农业城市主义"一词来代表城市与农业联合的规划思想。

3. 农业城市主义概念

杜安尼认为"Agrarian Urbanism"是指营造社会生活的各个方面与食物生产流程相关联的居所（Duany，2011）。实际上，此前或此后，其他学者也以不同的名称从不同的角度涉及了同一领域的研究，但尚没有形成被广泛接受的概念。笔者认为，作为一个全新的正在快速发展的研究领域，其概念和思想甚至名称仍在创建之中，目前要作出一个明确的概念界定，还为时尚早。此外，笔者认为百家争鸣的状态也有利于推动该领域的发展。因此，笔者更倾向于以内涵阐释而非概念定义的形式界定农业城市主义。但为了研究的需要，笔者尝试为农业城市主义作出一个界定，并重在阐释其内涵。

简单来说，在城市规划的领域，农业城市主义是一种城市与农业联合的规划思想，是将农业视为城市必要的功能要素，从农业活动（包括农业生产、运输、分配、食用和回收的全过程）的视角组织城市的用地、空间以及食物系统、生态卫生系统，以形成与农业空间共生的、自我依赖的闭合循环城市模式的思想。

关于农业城市主义的内涵，可以借鉴刘易斯·芒福德为麦克哈格的《设计结合自然》所作序言中的一段话："麦克哈格既不把重点放在设计上面，也不放在自然本身上面，而是把重点放在介词'结合'（with）上面，包含着与人类的合作及生物的伙伴关系的意思。他寻求的不是武断的硬性设计，而是最充分地利用自然提供的潜力（当然也必须根据它的限制条件来设计）。"（麦克哈格，2006）在农业城市主义的语境中，可以说，既不能把重点放在城市上面，也不能放在农业本身上面，而是把重点放在"联合"上面，这包含着与人类的合作及生物的伙伴关系的意思。农业城市主义寻求的不是武断的硬性的农业植入，而是尊重中国城市既有的肌理和发展特点，顺应城市发展新阶段的新需求，充分利用城市空间潜力，最大限度地发挥农业在城市背景中的多种功能。在这里，联合有三层含义，一是农业空间与城市空间的联合，在城市中创造农业活动空间，形成兼农的城市空间模式；二是农业技术与城市生态卫生技术的联合，整合农业生产与城市有机垃圾回收，形成闭合的城市食物系统；三是多元的城市农业活动主体的行为联合，以形成双向的多元参与机制。

必须强调，城市农业与传统乡村农业的最主要区别并不在于所处地理位置的不同，而在于城市中的农业活动是与城市系统紧密地联合在一起，并相互作用的。这就要求农业城市主义不能是仅仅关注城市本身的乌托邦式的畅想和倡议以及简单的"拿来主义"，也不能是仅仅关注农业生产的泛化、符号化的城市农业种植运动；而应该基于中国城市的经济结构和社会结构，关注城市空间结构特点，寻找可能和可行的城市空间，培育农业活动的"种子"，并将其与城市地区发展相联系，利用农业活动整合地区的空间、基础设施、社会活动等方方面面，形成以城市农业为线索的新型的城市经济、社会和空间结构；将农业活动作为城市中的新型"黏合剂"，把城市物质空间和社会空间更紧密地联系在一起。

此外，根据笔者的社会调查所显示的群众对于城市农业活动类型的接受度，被调查者对于城市养殖活动大多持反对态度。因此，除特别说明外，本书中的城市农业活动主要指农作物的种植活动，而不包括家禽、蜜蜂等的饲养活动。在农业城市主义刚刚进入规划师视野的现阶段，笔者建议以一种渐进的、温和的态度对其进行推进，在技术以及社会环境许可的将来，则可以将更多类型的农业活动纳入考察范围。

二   研究范围

本书的研究空间范围限定在城市建成区内。尽管国外相关领域的研究一般将城市郊区也包括在内，但是基于我国土地权属的特性，城市建成区与城市郊区及乡村腹地的土地权属不同，尤其是农业活动开展的土地权属和土地使用机制有很大区别，针对城市内部与外部的农业活动开展的各种策略也是完全不同的。此外，城市建成区内部的农业活动也是国外相关领域的研究重点。因此，城市建成区，尤其是大城市建成区是本书的研究空间范围。

实际上，在以往的乡村规划工作中，笔者一直心存这样的困惑：为何在与农业关系最为密切的区域进行的规划，对于农业的考虑是如此之少呢？城市和乡村这两种人居空间之间的农业区域难道不应该纳入规划的思考范围吗？缺少农业的城乡融合是不是无本之木呢？尽管囿于所学，笔者未能"毕其功于一役"，建立起完整覆盖城乡区域、贯通城乡的与农业联合的空间模式，仅将研究空间范围限定在城市建成区；但笔者的意图中也包含着为农业在城市中打开一扇窗口，把"农"纳入城乡规划的思考中，把"农"作为城乡融合要素的愿望，并期待在下一步的研究工作中将视野进一步扩展。

第三节　研究内容及研究思路

一　研究内容

仇保兴曾指出，在城市规划学科的自身发展历程中，始终贯穿着三大学术派别：一是理想主义，许多社会学家、规划学家，或者有志于改造社会的人士，希望引导城乡社会的发展，不断抛出许多理想主义的方案；二是理性主义，文艺复兴之后自然科学蓬勃发展，理性主义取代了神学思想，为现代城市规划奠定了第一块里程碑——《雅典宪章》；三是实用主义，即崇尚解决具体的实际问题，不纠缠于抽象的形而上学的学术体系（2005）。这三种主义在城市规划史上分别作出了不同的贡献，也有各自的局限，理想主义如果脱离现实，就成为"自己感动自己"的乌托邦；理性主义强调对事物的分解，往往忽视城市的复杂联系，缺乏人文关怀，容易落入机械主义的陷阱；实用主义则有一叶障目，以局部代替整体、以短视代替远瞻的危险（见表1.1）。因此，针对城乡发展中出现的问题和现象，要把三种主义结合起来进行解决：如果城市规划是一只船，那么理想主义是舵，掌控行驶方向；理性主义和实用主义是两把桨，缺一不可，既有方向又有均衡的动力，船才可以平稳地行驶（仇保兴，2005）。因此，作为新兴的研究方向，农业城市主义在研究之初就应该建立均衡的研究体系结构，把价值观、方法论和实践都纳入研究的范围（如图1.6）。

表1.1　　　　　　　规划史中的学术派别比较

	理想主义	理性主义	实用主义
代表	田园城市	雅典宪章	各类针对具体问题的实践
特点	对城市未来发展的预期，描绘城市未来图景，将社会改造理想注入城市规划领域	使用理性的、逻辑的分析方法分解城市现实要素，确定城市功能联系，使城市规划从单纯依靠直觉发展到对现实的关注和对科学方法的使用	是城市规划学科区别于城市社会学、城市经济学等城市相关学科的重要特征，重在以具体方法解决城市实际问题，直接作用于城市，其实践经验的总结可反向影响对城市未来的预期和城市分析方法

续表

	理想主义	理性主义	实用主义
局限	只关注对未来的畅想，不重视对现实的把握，容易成为空想的"乌托邦"	过分强调对事物的分解，对城市的理解停留在物质空间层面，忽视城市非理性要素，缺乏系统观，容易陷入科学至上的机械主义陷阱	仅以解决实际问题为目的，并不考察该问题的目标导向，缺乏前瞻性，容易一叶障目，犯短视的错误，甚至成为未来的新问题
哲学内涵	认识论（Epistemology）	方法论（Methodology）	方法（Method）
作用	舵（方向）	桨（动力）	桨（动力）
	←————农业城市主义————→		

资料来源：根据仇保兴（2005）；孙施文（1997）；韦亚平等（2003）整理。

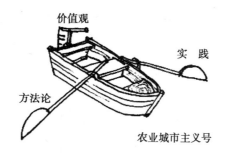

图1.6　农业城市主义研究内容示意图

　　本书对农业城市主义的研究内容主要包括：首先，在理想主义的指导下确定对价值观的判断，即"应该是什么"，建立价值观体系，详细阐述农业城市主义的思想内涵，为城市与农业关系问题提供认识论（Epistemology）基础。其次，根据理性主义的科学逻辑和分析方法，确定实现价值观和思想内涵的途径，即"应该做什么"，建立方法论（Methodology）体系，包括城市与农业的空间联合、技术联合和行为联合方法，其中空间联合是主体；形成农业城市主义的城市空间模式，技术联合和行为联合为此提供支撑。最后，在实用主义的指导下发现现存的问题，进行实践，在实践的过程中寻找针对特定问题的方法（Method）并反向对方法论进行修正（见表1.2）。

表1.2 章节内容

研究内容	相关章节	详细内容
认识论	第一、二章	农业城市主义的概念、研究现状
	第三章	农业城市主义价值观： 目标导向、审美导向、服务对象、建设模式
	第四章	农业城市主义内涵： 农业的多功能性 农业对城市的整合机制——联合生产 城市对农业的响应机制——公共物品供给
方法论	第五、六章	空间联合以形成兼农的城市空间模式： 城市中的农业生产空间 兼农的城市空间模式（嵌入提升模式、整合重构模式）
	第七章	技术联合以形成闭合的城市食物系统： 城市中的食物生产技术 城市中的食物回收技术
	第七章	行为联合以形成双向的多元参与机制： 上下联动的双向参与机制 多元的参与主体机制
方法	第八章	嵌入提升模式、整合重构模式实践案例
总结	第九章	总结及展望

二 研究思路

研究遵循"问题触发—问题预判—价值观体系建立—内涵阐释—方法论体系构建—方法提出"的逻辑，如图1.7。

第四节 研究意义

本书研究意义可以概括为以下三点：

1. 改变"去农业"的城镇化模式

长期以来，规划建设领域不仅忽视农业，甚至习惯于将城市与农业对立起来，认为城市与农业是天然排斥的，城市周边农业用地被视为城市发展的备用地，城镇化似乎就是"去农业化"，在空间上表现为"城进农退"的竞争性传统城镇化过程。而在城镇化的新阶段，城市居民对农业有新的需求和期望，除食品供应外，农业长期以来被忽视的多种功能尤其是环境景观功能和社会文化功能得到新的解读，这将有助于改变"去农业"的传统城镇化模式，并进而探索城市与农业联合的新型城镇化模式。

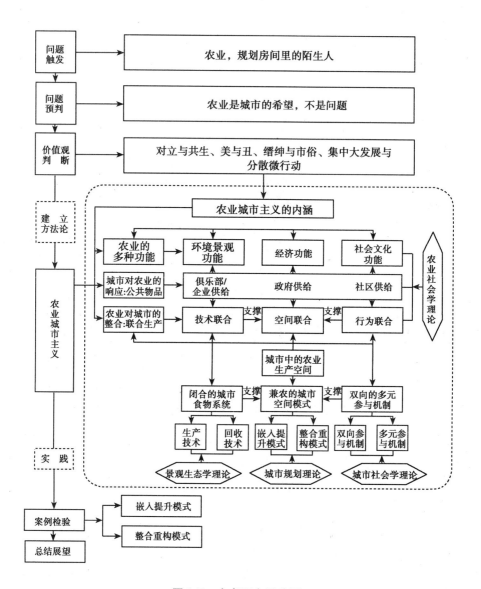

图 1.7　本书研究思路图

2. 将农业纳入城乡规划体系

城市中的农业活动之所以引起诸多争议，多源自农业活动的用地和空间权属及其本身的负外部效应，要解决这一问题，必须在规划中纳入对农业的思考。城市农业活动有土地以及空间的需求，城市其他类型的活动与农业活动的土地和空间需求之间存在着或排斥或兼容的关系，对这些关系的分析将有助于最大限度地减小农业活动的负外部效应，放大农业活动的正外部效应。在此基础之上，赋予农业在城乡规划和政策法规中的合法地位，将农业纳入城乡规划体系，探讨在不同层次的规划中纳入农业相关内容的策略。

3. 探索与农业联合的当代城市规划理论

2000年后，越来越多的社会学者、规划学者意识到农业内在的敬畏自然、顺应自然、与自然平衡的人文精神和天然自循环的生存智慧可以为当代的城市发展提供有益的思想给养。因此，应摆脱将农业和城市割裂思考的机械思维模式，关注城市与农业的关系问题，以农业的视角审视城市发展、组织和提升城市空间，尝试通过城市与农业的联合寻求社会公正以及环境健康，探索与农业联合的当代城市规划理论，并将其上升到城市发展战略层面。

第二章

国内外研究实践现状及发展趋势

第一节　国内外研究现状

一　国外相关研究

（一）农业城市主义的思想渊源：与农共存的城市

城市中的农业古已有之（如图 2.1）：在古希腊及古罗马的城市中，私人住宅中有 Atrium（中院，中庭）及 Peristylium（周柱廊，周柱中庭）等庭院空间，在住宅的深处，一般都设有生产性园地 Xystus（菜园），用来种植蔬菜以及果树等；日本京都的住宅之中一般都有廊庭或是"坪庭"

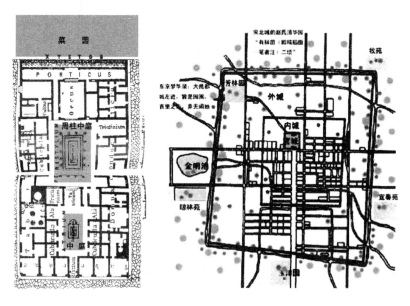

图 2.1　左：古希腊城市中的农业空间　资料来源：章俊华，2009。
　　　　右：北宋东京城中的农业空间　资料来源：史克信，2012。

（迷你庭院），在住宅深处也往往设有菜园；在著名的大德寺内，也设有一角菜园（章俊华，2009）。在我国古代，城市也是与农业共生的。尤其在宋代，城市农业达到前所未有的规模，在皇家园苑、城市街道、市民庭院中都有农业活动存在（史克信，2012）。在国都内，宫殿附近的空地即"宫墙地"被用于种植农作物，进行农业试验，推广农作物品种，北宋开封城里的宫殿附近就有这样的一些农田。宋真宗在推广占城稻之时，就在"宫墙地"开展过试验和观察；除国都外，中小城市也到处分布有农田；宋人张耒描述当时黄州城中的农业生产情况："江边市井数十家，城中平田无一步。土岗瘦竹青复黄，引水种稻官街旁。"（曾雄生，2008）。可以看到，自古以来，城市与农业就是共生的。

在近现代城市中，农业通常以菜园的形式与城市共生。世界各国对这些菜园有不同的称谓：英国称"Allotment Garden"，美国称"Community Garden"，德国称"Kleingärten"，荷兰称"Volkstuintje"，法国称"Jardin Communautaire & Jardins familiaux"，日本称"市民农园"，其中文译名也多种多样，包括"租赁花园""份地花园""社区花园"等（张慧，2011）。这些城市内部农业空间均受到法律保护。这些空间的产生均与其时代背景和社会背景密切相关，如英国份地农园（Allotment Garden）的产生源于救助工业化造成的大量失地农民和城市贫民。19世纪末，为解决美国经济衰退所带来的失业和贫困问题，社区农园（Community Garden）开始出现。两次世界大战期间，为缓解战争带来的食物危机，欧美国家城市农业迅速发展（如图2.2），在第一次世界大战期间，英国的份地农园

图2.2　左：一战期间美国的学校农场　资料来源：Jenna，2011。
右：1942年伦敦的"番茄容器花园"（**Tomato Container Garden**）
资料来源：Jenna，2011。

增加到150万个，第二次世界大战爆发之时，英国农业部长发起了"胜利
种植"（Dig for Victory）运动（Doron，2005），美国则出现了胜利农场
（Victory Garden）、战争农园（War Garden）运动（如图2.3）（Mees，
2010）。尽管这些应对特殊历史时期食品危机、经济危机的城市农业运动
随着战争的结束、危机的缓和而进入低潮期，但却形成了这些地区城市农
业活动的传统，埋下了城市农业的"种子"，城市农业成为应对城市问题
的可行的解决策略之一。在当代城市对农业产生新的需求，城市中出现新
的危机的时代背景下，城市农业的"种子"重新开始蓬勃生长。

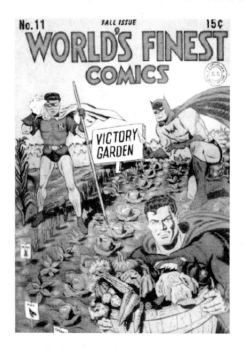

图2.3   1941年宣传"胜利农场"（Victory Garden）的漫画书封面
资料来源：Jenna，2011。

这些城市农业社会运动直接或间接地影响了当时的城市规划先驱者们
所提出的现代城市规划理论。在这些理论中可以挖掘出长期以来被我们忽
视的规划先驱者们对于城市与农业关系问题的深入思考。霍华德1902年
提出的田园城市理论，对于将工业与农业截然分开的产业形式提出了批
评，他认为存在"第三种选择"，即城市和乡村"成婚"，形成"城市—
乡村磁铁"，并对其中的农业生产和城市垃圾城市污水的处理作出了详细
安排。霍华德设想了城市郊区和城市内部的两种农业系统：在田园城市外

围，5000 英亩（约为 20 平方公里）的农地环绕 1000 英亩（约为 4 平方公里）的城市（形成直径约为 2.4 公里的圆形）进行布局；在农业用地上有森林、果园、大农场、小农户、自留地、奶牛场等；在城市内部，住宅建筑用地被分为约 20 英尺×130 英尺（约 6 米×40 米）的场地，在霍华德的设想中，这样的空间足够进行养活 5 口之家的农业生产；除此之外，城市垃圾无须支付昂贵的铁路运费或其他支出，就可以很快地返回土地从而增加土地肥力；霍华德所提出的方案还包括一个污水处理系统，它使污水经过处理返回土地；农作物得以吸收这些天然肥料；总之，这使土壤的各种天然元素返回土壤（霍华德，2000）。

尽管柯布西耶（Le Corbusier）对田园城市有着种种质疑和批评，然而，他也同样将农业视为城市必要的构成要素，并将农业纳入城市的范围内思考。柯布西耶在 1922 年提出的"当代城市"（Contemporary City）方案中设计了三种形式的城市农业：大规模农业地带位于城市周边，作为"防护地带"；郊区独立住宅区中设置超过 300 平方米的农园；位于城市中心地带的集合住宅（细胞/蜂巢式街坊）中有总面积达到约 4 万平方米的空中农场，这些塔式建筑周边的开放空间作为果园和供应市场的菜园（Doron，2005；Howe et al.，2005）。柯布西耶认为以户为单位的农业维护劳动是"复杂的、痛苦的、折磨人的"，认为这种方式的收获只是"一篮苹果和梨子、一些胡萝卜、一些炒蛋用的香芹，等等，微不足道"，他提倡的解决办法则是将每户供蔬菜种植用的 150 平方米用地结合在一起，形成公共菜园，使用密集型自动化作业方式，由职业农民进行管理（柯布西耶，2009）。

此外，赖特（Frank Lloyd Wright）1935 年提出的"广亩城市"中认为每人一英亩的土地是人们与生俱来的权利，广亩城市中的居民都能够享受坐落在大花园以及小农场中的现代住宅。另一个德国现代建筑规划大师希尔勃赛玛（Hilberseimer）在 1949 年出版的《新区域模式：工业和花园，工作室和农场》（*The New Regional Pattern：Industries and Gardens, Workshops and Farms*）一书中提出新区域模式，不同于传统的城市与农业截然分开的居住模式，在这个新模式中，住宅、农场、轻工业、商业建筑和城市公共空间基于自然环境——地形、水温、植被、风向等——以网格状的方式交织在一起，形成混合交融的格局（Waldheim，2010）。德国景观建筑师麦基（Migge）把城市农业问题提升到政治和民族的高度，认为可以通过建造大量的园圃和公园来解决德国的社会和经济问题，其中最重要的是建造小而密集的菜园（赵继龙等，2012a）。

作为对城市规划影响最为深远的理论，田园城市在世界各地得到了不同的解读和实践，其中对于城市农业生产的构想奠定了当代城市农业发展的思想基础。有趣的是，尽管柯布西耶和霍华德、赖特的城市思想时常被作为对立的两极进行比较，但其思想中对于农业在城市中的存在同样持肯定的态度。霍华德和赖特所提出的个体农业生产模式，与柯布西耶理性主义的不同规模、不同区位的系统化的城市农业设想以及希尔勃赛玛的网状交织模式组合在一起，似乎就出现了接近当代城市发展实际的与农业联合的城市空间模式。

尽管这些城市思想之间有很大的差异甚至相互对立，但不约而同，他们都试图通过城市与农业的联合寻求社会公正、环境健康以及城乡平衡，这为今天农业城市主义的发展留下了理论遗产。如果我们进行浪漫主义的想象，这或许可以理解为农业是一种具有巨大包容性和弹性的基础民生产业，无论是在田园城市、光辉城市还是今天的生态城市中都能够并且应该找到立足之地，这也应和着中国"民以食为天"的老话。

（二）农业城市主义的理论发展：游走于农业与城市学科之间（20 世纪后半叶及 2000 年后）

当代有关城市与农业关系的理论研究可以分为三类（如图 2.4），尽管这三类研究出自不同的学科领域，但是其间存在承继、发展的内在逻辑关系。

第一类以农业为研究主体，即城市"农业"，多出自农业、经济和生态学领域，是以城市经济、社会、生态需求为导向的新型农业理论，基本不涉及城市建设用地及城市空间，不属于城市规划的研究范畴，在下文的论述中将不作展开，但其中有关农业经济学、农业社会学、农业生态学的思想和基本原理仍值得规划学科借鉴和学习。

第二类是以城市为研究主体，即"城市"农业，出自城市规划建设领域，是在城市"农业"理论繁荣发展的基础上对农业活动除食品供应外所具有的其他对城市有益的功能的初步思考，它还将农业视为重要的城市功能要素纳入城市建设中，在理念和价值观层面上肯定将农业纳入城市规划设计体系的必要性，重在理念倡议和价值观引导，未对涉及农业的城市空间作出系统安排，在学科发展中定位较为模糊，游离于规划学科、农

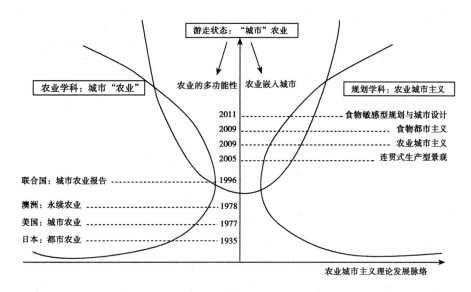

图 2.4 农业城市主义理论发展的学科逻辑关系

业学科及社会学科之间,尚未建立基于规划学科核心内容的研究体系,理论研究较为宽泛。

第三类是以城市与农业的关系为研究对象,即农业城市主义,出自城市规划建设领域。这类理论较为完整地基于规划学科特点提出了城市与农业联合的城市规划设计思想,是对"城市"农业所发出倡议的回应和发展,包括空间系统、技术支撑和政策建议等方面。农业城市主义与"城市"农业最大的不同在于:不再将农业视为孤立的体系生硬地植入城市之中,而重在研究城市与农业的相互关系,并将城市系统与农业体系整合,这也是农业城市主义最重要的价值所在。

1. 城市"农业":服务于城市的农业

二战结束后,欧美国家进入新一轮经济快速发展期,食品危机缓解,随着城市的快速建设,城市农业活动逐渐退出了城市空间和城市居民的日常生活。然而,随着郊区化的进行,城市中心区衰落并空心化,城市中出现了大量的闲置空间,同时,随之而来的各种社会问题使人们不得不重新审视城市建设模式,转而关注城市中心区、城市社区的复兴,并再一次将目光投向了城市农业。在 20 世纪 70 年代,许多美国城市鼓励居民开垦闲置的城市"份地农场"(farm-a-lot),并将其作为城市社区复兴的重要部分(Jenna,2011)。在欧美国家的城市中,城市农业被赋予了复兴社区的任务和期望。几乎与此同时，在非洲、拉丁美洲等发展中国家出现了"过度城镇化"现象，大量农村人口在短期内涌入城市，而城市无法为这些人口提供充足的就业机会和必要的生活条件，造成了大量城市贫民的出现。在这种情况下，城市农业活动为贫困人口提供了额外的食品补给，改善了他们的营养结构。在这些发展中国家，城市农业承担了最原始的营养补给任务。

繁荣的城市农业活动吸引了多个学科专家学者的注意力，这段时期，城市农业的理论研究集中在农业、经济及生态学领域。加拿大学者布莱恩特（Bryant）等指出，由于城市区域人口的大量集聚，城市对周边乡村地区产生了除食品供应外的多种需求，这使得从 20 世纪下半叶开始，城市周边农业吸引了众多地理学家、城市规划者和政策制定者的注意（杨振山等，2006）。"城市农业"作为学术名词，也出现于这个阶段，1977 年，美国农业经济学家艾伦尼斯明确提出了"Urban Agriculture"一词。联合国发展计划署从 1991 年开始专题研究城市农业并在 1996 年向联合国人居大会提交了一份报告，呼吁社会改变对城市农业的传统忽视和轻视，并应积极引导规划发展（皮立波，2001）。在这一类型的研究中，城市仅被作为农业的空间和经济背景，城市"农业"的研究仍然属于农业和经济学科的范畴。此后，城市"农业"的理论研究在农业、经济学的领域中继续深化，与规划学科的研究齐头并进，互为借鉴。

2. "城市"农业：作为城市要素的农业[①]

与二战结束后繁荣的城市农业实践活动相比，在这一时期，"城市"农业的理论研究在城市规划领域几乎处于停滞的状态。事实上，整个 20 世纪中后期，欧美城市规划设计的主流思想和出版物，极少关注城市农业问题，直到 20 世纪末 21 世纪初，城市农业才重新回到城市规划设计领域学者的视野。

一些学者将农业作为城市的重要构成要素之一纳入城市的整体构架。1995 年，加拿大景观学家霍夫（Hough）将城市农业与水、植物、野生动物、栖息地和气候并列为兼有自然过程和城市过程、主导城镇规划的城市环境要素，把农业问题纳入城镇规划视野。2004 年，吉拉尔代（Girar-

---

① 关于此类研究在赵继龙等的综述文章中已有详细论述，本小节内容整理自赵继龙等《城市农业研究回顾与展望》及赵继龙等《城市农业规划设计的思想渊源与研究进展》。

det）以生态足迹理论解析城市面临的人口、资源与环境压力，提出将食物与能源、资源一起作为"城市空间规划的主要参考框架"，来"重新设计人类住区系统"，构建代谢良好的"再生城市"。

在农业与城市的空间关系研究中，有学者提出了"有农"的城市形态的初步设想，其中一部分学者主张将农业作为城市生态基质的组成部分，从根本上改变城市的宏观形态。1987年，国际生态城市建设理事会主席瑞杰斯特（Register）提出了生态城市的概念，在伯克利的城市研究中，他把农业视为"决定伯克利城市命运的关键之一"，提议成立城市农业部来帮助人们自己种植，发展各种尺度和形式的城市农业。提莫伦（Timmeren）等认为农业介入城市后的形态特征，应当是"分散化集中"，即团块化的多中心发展模式，创造"短循环城市"。威尔（Vale）等认为食物不能自给就会导致高密度城市巨大的生态足迹。因此，能够自给自足的低密度城市，也有其优势。其他学者则主张基于现存的城市肌理，利用农业整合和提升既有的城市空间结构和依附于其上的社会结构。巴斯（Barrs）认为不能简单地把大面积的市区土地划为农业土地，而应创造性地复合利用城市屋顶或废弃以及破碎空间来发展农业。莱文（Leeuwen）认为将城市绿地与城市农业进行融合，能够承担兼顾休闲、生产与社会融合的"多任务"角色。

3. 农业城市主义：与农业联合的城市规划思想

2000年后，全球环境、资源、食品危机频发，生态、低碳、绿色可持续发展成了主流价值观，在这样的时代背景中，农业天然所具有的顺应自然之道的品质很快吸引了城市规划学者的注意，以农业的视角审视城市发展的研究进入了空前的繁荣期。在这一时期，出现了相对完整的城市农业空间理论。这类研究开始摆脱将农业和城市割裂思考的机械思维，转而关注农业与城市的关系问题。这类理论出自规划建筑和景观学科，显然与城市"农业""出身"不同；其研究重点从"城市"农业将农业作为城市要素的嵌入演进到以农业的视角组织、提升城市空间。因此，这类理论与前两类城市农业理论有着明显区别，本书将这一类理论统称为农业城市主义。这一类理论的要点也体现在本书的各项研究内容中，是本书主要的理论来源，笔者在对这些理论要点和我国现状对比的过程中，构建适合我国发展现状的农业城市主义的思想内涵和空间模式。

在农业城市主义的研究中，目前为止世界范围内最具有代表性和体系相对完整的理论主要包括连贯式生产性城市景观——着眼城市生态基础设施和开放空间；食物都市主义——关注城市中的食物系统；农业城市主义理论——从社区的角度组织兼农的城市空间；食物敏感型规划与城市设计理论——从食物循环的四个关键过程组织城市空间。

（1）连贯式生产性城市景观①

《连贯式生产性城市景观》（*Continuous Productive Urban Landscapes CPULs：Designing Urban Agriculture for Sustainable Cities*）于 2005 年由英国波尔与维翁建筑事务所负责人安德烈·维翁（Viljoen）和卡特林·波尔（Bohn）编著出版。该书第一次提出完整的基于农业视角的城市规划设计策略，为规划、建筑和景观学科开辟了新的研究视角，成为该领域理论发展过程中的重要节点。

这一理论描绘出未来可持续生产性城市的愿景，将连贯的生产性景观通过实体和社会的方式有计划地引入现存或新建的城市，连接原有的城市开放空间，保持或在某些情况下改变其用途，形成新型的城市开放空间和生态廊道，并作为可持续城市基础设施的重要组成部分。其核心思想是将农田引入城市，创造出生产性的多功能的城市开放空间网络，以丰富城市景观的功能和形式（如图 2.5）。

CPULs 主要的空间特征包括居民户外空间（休闲或商业用途）、公园、城市森林、自然栖息地、生态廊道，以及用作公共非机动车道的交通网络。CPULs 并不会颠覆或是抹去城市原有的肌理结构，相反，它是基于城市固有的特征，通过覆盖和交织的景观策略来展现改造后的开放空间。CPULs 将适应不同城市的不同发展特点，通过设计其布局模式，以低干扰的、独特的方式来完成特定城市提出的发展要求。这一概念认为，每一处场所、每一座城市所具有的独特状态和面临的不同压力将会影响 CPULs 的最终形态和范围。人们对可持续生活方式的追求与渴望将在城市开放空间的设置与建造领域引发一场激进的变革，通过综合考虑农业生产、环境质量、城市生活方式等问题，任何的城市开放空间都可以从与连贯式生产性城市景观的融合中获益。

---

① 本小节内容整理自卡特林·波尔等《连贯式生产性城市景观（CPULs）：关键基础设施的设计》及 Bohn & Viljoen Architectects et al.，*The Case for Urban Agriculture as an Essential Element of Sustainable Urban Infrastructure*。

图 2.5 CPULs 的构成要素及基本空间结构

资料来源：Bohn & Viljoen Architectects et al.，2011。

（2）食物都市主义[①]

美国爱荷华州州立大学景观建筑学院教授瓦格纳（Wagner）和格林姆（Grimm）在连贯式生产性景观研究的基础上于 2009 年提出食物都市主义（Food Urbanism）理论，他们认为城市食物系统是城市可持续发展的基础，进而对城市食物系统进行研究，试图通过城市的食物系统组织城市空间，并提出将食物系统与城市空间连接成点、线、网的结构，实现农业空间与城市空间的渗透与交融，以减少食物里程，促进邻里交往，就地转化有机垃圾（如图 2.6）。

在城市食物系统对城市空间的影响研究中，首先，通过类型学的方法对城市中的农业生产空间进行分类（包括私人庭院、社区农园、食物林荫道、机构农园、邻里农场以及城市农场）；其次，分别分析这些空间的使用者/生产者/管理者、规模、空间特征、作物类型以及食物配送模式；最后，基于这些分析，系统组织这些空间的交通方式，利用城市交通网连接

① 本小节内容整理自 Grimm G. et al.，*Food Urbanism：a sustainable design option for urban community*.

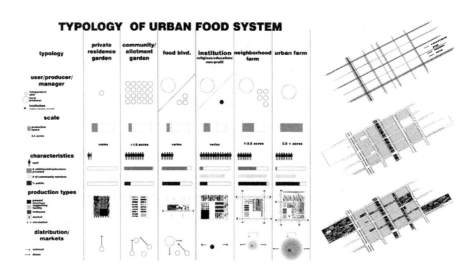

图2.6   食物都市主义农业生产空间类型分析（左）
与食物都市主义基本空间结构（右）
资料来源：Grimm G. et al.，2009。

生产空间，形成网状的城市食物空间。

（3）农业城市主义①

新城市主义的代表人物安德雷斯·杜安尼主持的 Duany Plater-Zyberk & Company 设计事务所于2009年提出农业城市主义理论，试图营造社会生活的各个方面均与食物生产相关联的社区。杜安尼特别强调农业城市主义不是城市农业，在农业城市主义的视角中农业生产会渗透到城市的所有方面，农业城市主义所创造的社区的物质空间形式支持有意识的农业工作。

杜安尼视农业城市主义为新城市主义的发展和衍生理论。该理论以社区为基本空间单元，旨在营造社会生活的各个方面都能够与食物相关联的社区，包括食物的组织/播种、种植、加工处理、分配、烹饪以及食用。杜安尼认为社区层面的食物种植对社区有着多方面的重要意义：确保食品安全及健康问题；保护本地经济；提升本地农场的环境效益；所有成员都能够参与的生产活动能为社区带来巨大的社会效益。他还认为应该通过恰

① 本小节整理自 Duany Plater-Zyberk&Company，LLC. *Agricultural Urbanism* 及 Duany，A. et al.，*Garden cities：theory & practice of Agrarian Urbanism*.

当的规划和组织手段来缓解农业活动所带来的负面影响。与单纯预防和控制城市边界扩张的发展模式相比，杜安尼认为农业城市主义是一种更为复杂的模式，这种模式可以把依赖外地食品输入的城市居民转变为双手、心灵、闲暇时间以及可有可无的娱乐预算都用于食物生产以及当地消费的居民。

在农业城市主义理论中，城市从中心区域到外围的自然区域可以分为6个圈层（城市核心区、城市中心区、一般建成区、近郊区、乡村地带、自然区域），根据城市区位特点，每个圈层中设置有不同的城市农业内容。杜安尼认为农业城市主义能够显著平衡城乡之间的自然以及社会经济的多样性，以达到城乡均衡发展的目的（如图2.7）。

从上文的介绍中可以看到，农业城市主义与CPULs、食物都市主义相比，有更广阔的城乡视角、更丰富的城市触角、更复杂的空间构想。这是一种从农业的角度思考城乡关系的理论，完整构想了从城市到乡村的各类农业活动空间布局，以及农业活动空间与其他城乡空间的关系。该理论有应用于我国的城乡一体化研究并继续深化的可能，这也是笔者选择"农业城市主义"作为这一类型理论名称的原因之一。

（4）食物敏感型规划与城市设计理论（FSPUD）①

2011年，澳大利亚维多利亚生态创新实验室（Victorian Eco Innovation Lab）提出了食物敏感型规划与城市设计理论。该理论从食物循环过程的角度重新审视城市空间，认为食物从生产到最终废物排放的每个过程都有土地的需求，提示城市规划工作者关注影响食物的系统的四个关键过程：食物的生产，食物加工和运输，消费者的食物可达性和食物利用，废物的排放、回收及再利用；进一步在不同的城市规划层次上探讨如何实施FSPUD，这些规划层次包括战略规划、法定规划和公共空间的详细设计（如图2.8）。

食物生产：除关注传统的城市之外的农业用地外，FSPUD注意到了城市空间和其他资源在食物生产方面的潜力。FSPUD涉及专门用于食物生产的土地（例如农场或社区花园），把生产食物作为次要或附带功能的土地（如生产性的行道树可以遮阴、美化市容、增加城市特色并且生产食

---

① 本小节整理自 Victorian Eco Innovation Lab. *Food-sensitive planning and urban design* 及 Victorian Eco Innovation Lab. *FSPUD introduces ideas.*

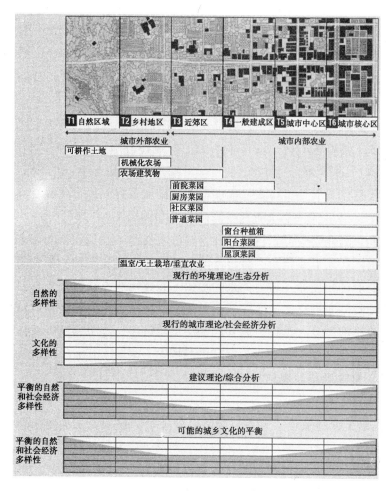

图2.7　农业城市主义基本空间结构及城乡均衡发展示意图
资料来源：Duany Plater-Zyberk&Company，LLC。

物），以及生态绿地系统中用于食物生产的土地。

食物加工和运输：FSPUD 考虑食物从生产地点到达消费人群过程中对空间、能源和其他资源的需求，认为处理和分配食物的相关设施的设计和布点对水、能源和资源有特定的需求并能够影响最终产品的营养价值。

消费者的食物可达性和食物利用：FSPUD 考虑消费者对食物的可达性，他们所拥有的用于烹饪和储藏的设施。FSPUD 也考虑食物零售、食物服务（咖啡和餐厅）以及人们获得食物知识的机会，例如学习烹饪和种植食物的机会。

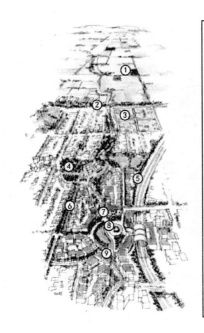

1. 农田;
2. 农田与居住区之间的缓冲带;
3. 后备农田;
4. 城市农场区域, 人们可以在这里学习食物生产、分享设备和经验, 增加地区吸引力, 农产品加工和分配设施整合也在城市农场中;
5. 进行密度优化以减少土地使用, 同时确保生产空间的可达性;
6. 生产型的街道景观, 种植橄榄树、苹果树、橘树、坚果树和根菜, 利用自然径流灌溉;
7. 舒适的自行车、步行系统, 增加食物的可达性;
8. 整合农夫集市和示范农园的城市广场, 显示农作物的美学价值和用途教育;
9. 绿色生态技术基础设施, 满足本地需求并减小对下游的环境影响

图 2.8　FSPUD 示意图 1

资料来源: Victorian Eco Innovation Lab., 2011。

　　废物的排放、回收以及再利用管理: FSPUD 重视在食物供应链条中废物的处理, 避免有机废物的浪费并使其成为另一过程的生产材料, 并通过规划和城市设计提升城市基础设施和社会意识, 促进对有机废物进行回收和再利用（如图 2.9）。

二　国内相关研究

　　国内对于城市与农业关系问题的研究起步较晚, 尚没有形成完整的系统。截止到 2014 年 8 月 15 日, 搜索中国知网的中国学术期刊网络出版总库、中国博士学位论文全文数据库、中国优秀硕士学位论文全文数据库以及中国重要会议论文全文数据库, 在建筑科学与工程领域输入搜索主题词"都市农业"有 100 条检索记录, 输入主题词"城市农业"有 54 条记录, 输入主题词"食物系统"有 9 条记录。检索结果中与本书研究领域直接相关（即内容涉及城市建成区的农业活动）的共有 81 条。与国外的研究过程相似, 国内规划建设领域对于城市与农业问题的关注和研究也同样经历了视点转移的过程。这其中, 以 2010 年为界, 在此之前, 该领域出现的研究基本是对将农业纳入城市系统的呼吁和倡导, 相关论文 14 篇。

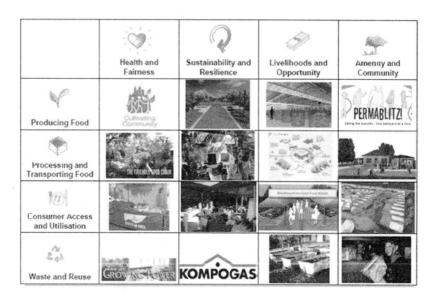

图 2.9　FSPUD 示意图 2　资料来源：Victorian Eco Innovation Lab.，2011。

2010 年之后，国内学者开始转向对国外相关理论的介绍和初步应用，相关论文 67 篇，其中 20 篇硕士论文，3 篇博士论文（如图 2.10）。

图 2.10　国内建筑科学与工程领域相关文献

可以看到，我国该领域研究论文呈逐年增长的态势。或可预见，在环境、资源、食品危机日益严重的时代背景中，农业或将会引起规划者更多的思考，以农业的视角审视城市发展的研究将会进一步繁荣，城市与农业关系问题的研究将可能成为规划学科新的理论增长点。

（一）对"城市"农业的呼吁和初步探索（2010 年前）

2010 年之前，我国学者对"城市"农业的研究成果以倡导和呼吁为主，并分别从产业规划、生态规划的角度提出了农业在城市中布局的初步设想。早在 1990 年，《城市规划》杂志评论员就曾呼吁城市规划要重视农业问题，城市规划应该把农业问题作为战略问题来考虑（本刊评论员，1990）；董正华等介绍了现代化进程中的东亚城市农业（1999）；赵晨霞提出各级政府部门要把都市农业的发展纳入城市经济社会发展的总体规划之中，要像住房、交通等其他城市建设规划一样，对都市农业的空间布局和发展进程进行综合规划安排，并使其具有法律效力（2002）；蔡建明等认为将都市农业纳入城市规划是符合国际趋势的，提出通过宣传、建立领导机构，加强对闲置土地的利用以及土地的综合利用，并集中到半城镇化地区发展（2004）；宁超乔认为应该将农业循环经济引入城市发展计划，扩大都市农业竞争力和公众影响力，把都市农业作为重要组成部分纳入城市规划体系保证都市农业的土地权利（2006）；单吉堃提出将半城镇化地区的农业作为"绿化带"的一部分纳入城市规划，以防止城市无限制地扩展（2006）；马杰等提出将都市农业纳入城市经济社会发展规划和城市总体规划（2006）。

在城市与农业的空间关系研究中，方斌认为需要在规划中打破城乡用地的绝对分割，形成农业用地与城市非农用地的有机穿插、切入和渗透；建构融合第一产业的新型城市社区，从集中、紧凑的城市模式转向分散、休闲但同样具有高效率的新型城市模式（1996）；周年兴等认为，信息技术将改变传统的城市形态，农田将渗入城市，城市将不断溶解于广大的农田中（2003）；田洁等将济南市农业经济区域布局结构与城市总体规划中绿色空间结构进行统筹并使之互相契合，对构成城市绿色空间的土地分别赋予不同的农用地功能（2006）；于炼提出"城市农业开发区"概念，在传统的城市功能区块之外，增加专门的城市农业开发区，并呈环状、带状、岛状分布，构成现代城市的骨架，城市传统功能区块则变成生态系统湖泊中间隔分布的功能岛，以放射形道路系统为交通骨架（2008）；孟建民号召把农业适当引入城市，推进城市农业化，但认为不能以农业用地直接挤占现有规划中的城市绿地和公共建设用地，应该规避对常规城市规划空间的任何诉求，灵活利用城市所有可能的闲置空间（2008）；罗长海认为都市农业用地包括镶嵌在城市内部的插花状小块农田、成片团块状集中分布在外围郊区的农业用地和沿主要公路形成的带状农业空间，不同于传统郊区农业的环状布局，都市农业由于受到中心城市社会、经济的多重影响，总体形成点、线、面的网络格局（2008）。

（二）对农业城市主义的介绍和应用（2010 年后）

在 2010 年之后，随着欧美农业城市主义的提出和发展，国内城市领域的研究学者开始致力于对农业城市主义相关理论的介绍和应用研究。这些研究开始逐步摆脱在农业学科和规划学科之间游走的状态，明确将城市与农业的关系作为研究主体，并重在研究城市与农业的空间关系。

从内容上可以将这些研究分为景观与农业、建筑与农业、规划与农业三大类。其中景观与农业的研究在国内开始最早，这些研究多将农作物视为景观的造景元素，并开始注意到农业景观与常规城市绿化景观的区别；建筑与农业的研究多关注农业生产在生态建筑设计中的作用；规划与农业的研究开始系统考察城市与农业的关系问题。目前国内的研究多以学习和介绍国外理论为主，除资料收集、整理和归纳之外，自我视角的审视和实践尚不足，对农业与城市互动的机制尚缺乏认识和分析，尚未基于中国的城镇化特点和规划学科核心内容，形成系统的城市与农业关系理论体系。

CPULs 连贯式生产性城市景观首先进入了中国学者的视野。2010 年，北京大学俞孔坚教授团队主编的《景观设计学》杂志刊登了卡特林·波尔和安德烈·维翁的《连贯式生产性城市景观（CPULs）：关键基础设施的设计》，开启了国内学界对于生产性景观的关注。在之后的相关研究中，李欣等提出针对城市扩张地带的以生产性景观公园为核心的"都市绿岛"模式（2010）；徐筱婷等对生产性景观的演化动因进行了分析（2010）；李倞将生产性景观视为城市景观基础设施的有机组成部分（2011、2013）；张嘉铭尝试将生产性景观纳入遗址环境规划设计中（2011）；赵雯亭等总结了高校校园的生产性景观（2011）；宋玥认为在我国快速城镇化阶段生产性景观的实践将具有重要意义（2011）；张敏霞等提出"退城还耕"构想，"耕"是指广义的生产性景观用地（2012）；徐梵回顾了中外生产性景观的起源，比较了当代中西方生产性景观的特点，并就目前中国生产性景观的局限性做了探讨（2012）；李阳认为生产性景观在城市环境设计中的应用价值主要包括参与性与互动性、自然性与生态性、娱乐性与教育性、观赏价值和经济价值（2012）；王丽蓉等将城市农业与养老居所相关联（2012）；李双（2012）、尹莎莎（2013）则分别探讨了生产性景观的各类实践。

在建筑与农业的研究中，以天津大学张玉坤教授及其团队的研究最为丰富。相关论文多集中在对垂直农业的介绍和分析，并关注农业生产在绿色建筑、生态建筑设计中的作用和地位（刘烨，2010；张睿，2011；陈波等，2011；季欣，2011；高楠，2012；王文波，2012；刘烨等，2012；提莫斯·海斯等，2012；霍尔·肖特等，2013；孙艺冰等，2013；朱胜萱等，2013）。

与此同时，部分规划学者开始关注农业城市主义的相关理论，系统考察城市与农业的关系，尤其是城市建成区与农业的关系，该类别论文的增长也最为明显。其中，山东建筑大学赵继龙教授等的三篇综述类文章《城市农业研究回顾与展望》（2011）、《城市农业规划设计的思想渊源与研究进展》（2012a）以及《西方城市农业与城市空间的整合实验》（2012b）相当完整地回顾了城市与农业关系的发展，具有较高的参考价值，也是本书的重要文献来源之一。在这三篇综述文章中，作者视点的变化也有趣地佐证了本书在上一节提出的城市"农业"—"城市"农业—农业城市主义的研究角度的演化。在2011年发表的《城市农业研究回顾与展望》一文中，作者的关注点仍然是城市"农业"和"城市"农业，既回顾了在农业经济学领域中城市农业的出现、发展及相关政策，也介绍了规划建筑领域对于城市农业空间布局的初步研究，这些空间研究尚较为笼统，提出了如圈层、网络和圈—轴等城市农业空间布局形式。在2012年发表的《城市农业规划设计的思想渊源与研究进展》和《西方城市农业与城市空间的整合实验》中，尽管仍以城市农业作题，但作者明显将关注的重点转移到了西方城市规划、建筑学科中的农业城市主义相关理论进展以及城市规划、建筑设计领域的以农业为导向的实践发展。

该类别中出现了内容较丰富的学位论文，其中两篇博士论文均明确提出以城市建成区为研究范围，并开始初步探索城市建设用地与城市农业的关系（刘娟娟，2011；高宁，2012）。十篇硕士学位论文，分别为崔璨的《给养城市》（2010），徐娅琼的《农业与城市空间整合模式研究》（2011），张田的《城市农业活动与设计策略研究》（2011），牛晓菲的《社区农业与生态住区建设》（2011），史克信的《城市农业空间形态的历史发展对当代的启示》（2012），郭世方的《引入农业的城市空间研究》（2012），万潇颖的《都市农业发展与都市农业园区规划策略研究》（2012），祝文静的《居住区农园——都市农业发展新思路》（2012），齐玉芳的《都市农业型社区建设》（2012），陈贞妍的《基于 AHP 的都市农业用地规划研究》（2012）。其中崔璨重在对生产性景观的介绍；徐娅琼提出保留、替代、填充、重构的模式整合农业与城市空间，并在微观层面提出农耕社区、共生产业园、有农公园、农业校园、屋顶农园、城郊市民农园六类整合模式；张田在微观层面提出对绿地、屋顶和阳台的利用策略；牛晓菲、祝文静、齐玉芳提出农业型生态住区的模式和模型；史克信回顾了中外城市农业空间形态的历史发展过程；郭世方提出了提高城市农业空间开放性的设计策略和建议；万潇颖以农业园区为研究对象；陈贞妍则提出都市农业用地规划方法。

此外，其他期刊论文分别致力于国外相关理论和实践的介绍和引入（Urbanus Architecture & Design Inc，2011；万潇颖，2012a；吴未，2012）；将城市农业与生态城市相联系（张玉坤，2010；贺丽洁，2013）；与住区规划结合（张玉坤等，2012；王雅雯等，2013）。食物都市主义、农业城市主义、社区食物系统等新名称和新理论也陆续出现于我国学者的视野中（刘娟娟，2012；衣霄翔，2012；高宁，2012）。尽管这些研究关注点各有不同，但普遍赞同城市可以从农业活动中获益，农业和食物系统应该成为规划学科新的研究对象、城市建成区的农业活动应该基于社区的尺度开展等基本观点。

（三）研究存在问题

（1）缺乏系统的城市与农业联合的规划思想

目前国内的研究多以学习和介绍国外理论为主，尚缺乏自我视角的审视和实践，没有针对中国城镇化特点、用地权属等现状形成系统的城市与农业联合的规划思想。实际上，在对我国已有相关研究的梳理中，可以发现：我国学者在 2010 年之前的研究视点摇摆于规划学科、农业学科及社会学科之间，对于农业内容是否应该成为规划学科的研究对象并不完全肯定，尚处于探讨阶段，仅有少数学者零星地发出了规划学科应重视农业问题的倡议；2010 年后，尤其在 2011 年及 2012 年，学者的研究视点才摆脱了摇摆状态，转移到城市规划和建筑设计领域，肯定了农业应该是规划和建筑学科新的研究对象。一批学者如天津大学的张玉坤教授、山东建筑大学的赵继龙教授、南京农业大学的吴未副教授等开始不约而同地关注这一领域，相关的研究成果也开始在近三年集中出现。但由于研究开展时间非常短，从 2010 年开始至今只有四年左右，因此尚未能基于我国规划学科的核心内容建立起系统的城市与农业联合的规划思想。

（2）缺乏对城市与农业相互关系的研究

尽管欧美国家已出现相对系统的农业城市主义规划思想，但这些思想对农业活动与城市其他活动的相互关系及农业与城市相互作用的机制尚缺乏认识和分析；我国目前的相关研究则基本尚未涉及这一问题。而与农业联合的规划思想与传统城市农业最大的不同之处应该在于：不再将农业视为孤立的体系生硬地植入城市之中，而重在基于规划学科的核心内容，研究城市与农业的相互关系以及相互影响的机制，并建立城市系统与农业体系的紧密联系。对城市与农业相互关系的研究也将是我国该领域研究与世界该领域研究同步的主要方向。

（3）对农业与城市建设用地关系研究不足

尽管目前国内已有研究人员开始探讨与农业联合的城市空间问题，但这些探讨多未涉及目前我国现行的城市用地分类及城市管理制度，尤其没有对农业活动与城市建设用地的关系进行深入分析，仅提出倡议和建议，这将导致对于与农业联合的城市空间的探讨成为无本之木，难以深入。用地是城市规划的核心问题，对农业与城市建设用地的研究是将农业纳入城乡规划体系的必经之途，是探讨与农业联合的城市空间模式的制度前提。

（4）缺乏系统的城市与农业联合的规划策略

尽管目前在我国学者的研究成果中可散见各种规划或建筑设计策略，但由于研究开展时间较短、缺乏系统实践、研究深度较浅等原因，尚没有针对我国城乡规划体系在不同的规划层面上提出完整的城市与农业联合的规划策略，设计层面的相关策略也需要进一步在实践中进行检验。

鉴于以上分析，笔者认为在该领域的研究中应寻找恰当的分析工具，深入研究城市与农业的相互关系，并重点开展农业与城市建设用地的关系研究，构建系统的城市与农业联合的规划策略体系，逐步形成基于我国城乡特点的与农业联合的规划思想。如前文所述，本书未能毕其功于一役，下文中仅就以上问题提出初步的应对之策。

第二节　国内外实践发展

综观各国的城市农业实践，其发展基本经历了三个阶段：最初出自对食物保障的需求，如欧美两次世界大战期间出现的城市农业运动；在渡过食品危机后，将城市农业与社区复兴、城市中心区复兴相联系，如美国20 世纪 70 年代出现的社区农业运动；在对城镇化的反思中，在更深更广的层面将城市农业与城市发展策略相联系，力图创造一种新型的城市发展模式。对于前两个阶段的实践，在前文的理论发展分析中已经有所涉及，因此在本节中，主要对第三个阶段的实践进行分析。在这个阶段，可以将城市农业的实践分为三个层面：宏观的城市农业规划公共政策层面以及中观的城市农业空间层面和微观的城市农业技术支撑层面。其中宏观的城市农业规划公共政策是目前国内规划界最缺乏研究的部分，也是我国的城市农业能否得以合法开展的基本前提。因此在本节中，主要对宏观的城市农业公共政策进行总结，对于城市农业空间层面和技术支撑层面的实践内容则将与下文相关章节结合分析。

一　国外相关实践：农业上升为城市公共政策

城市农业发展到新阶段的欧美国家已经致力于通过城市农业解决城市的经济、社会和环境问题，将农业与食物主权、食品安全、资源循环利用、环境教育以及绿色建筑研究、社区复兴、低碳城市建设等各类城市议题相联系，将城市农业上升为城市公共政策。

（一）美国：食物规划

刘娟娟博士的论文详细介绍了美国食物规划的发展过程：2005 年，"食物规划"（Food Planning）的研讨主题第一次出现在美国规划协会（APA）年会上。2007 年美国规划协会出台《社区和地区食物规划政策指导方针》（Policy Guide on Community and Regional Food Planning，以下简称《指导方针》）。该文件是美国食物系统规划研究的里程碑，它明确提出："应该增强传统规划与社区和地区食物系统规划这个新领域之间的联系。"并提出两个总体目标："建立一个强大的、可持续的、更加自给自足的社区和地区食物系统；建设工业化的食物系统与社区和地区食物系统相互支撑，以提升地区活力、公众健康、生态可持续性、社会公平以及文化多样性。"2008 年 APA 下属的规划咨询服务机构完成了554 号报告《面向社区和区域食物规划规划师指南：改变食物环境，推动健康饮食》。2010 年 6 月，APA 协同护理、营养、规划和公共健康领域的专家出台了《健康可持续食物系统的原则》，用以支持社会、经济和生态可持续的食物系统的构建，同时促进当前和未来个人、社区和自然环境的健康发展。①

此外，芝加哥都市规划机构（Chicago Metropolitan Agency for Planning，简称 CMAP）在 2010 年所制定的地区战略规划《GO TO 2040 Plan》中明确提出促进可持续的本地食物系统建设，关注地区食物生产以及人们对可负担的、有营养的新鲜食物的可达性（CMAP，2010a），并以行动实施导则的形式规定：支持城市农业作为本地食物的来源，支持城市农业活动利用城市空地或者未被充分利用的城市土地，地方政府要简化并且建立激励这些空地、空间以及屋顶向农业用途转化的机制；研究组应该建立详细的地块目录以支持这些空间的转化；棕地复兴基金可以并应该用于支持社区农园和农夫集市（CMAP，2010b；Peemoeller，2012）。

特拉华谷地区规划委员会（Delaware Valley Regional Planning Commission，简称 DVRPC）也对费城食物系统进行了研究，并为当地制定了食物系统规划——《大费城地区食物系统研究》（Greater Philadelphia Food System Study）（图 2.11），这个地区规划机构之前通常处理交通规划上的问题，该研究对于规划委员会来说是一个全新的研究领域，这也反映了美国规划部门正逐渐意识到农业和食物系统对城市的影响，并将其纳入规划的研究领域中（DVRPC，2010）。

（二）英国：首都种植计划

伦敦政府在城市中实施"增加健康水平和可持续的食物"战略以加强本地食物系统从生产到处理再到食用的短链联系，最近的战略则准备通过为社区提供实践和经济支持以实现"具有更高可达性的食物生长空间"（Graaf et al.，2009）。2008 年伦敦市为迎接奥运会，推出一项"首都种植"计划（Capital Growth），计划到 2012 年，在伦敦新开辟 2012 块小菜地。该计划"既能让伦敦更绿、更美、更令人愉悦，又能提供价廉物美的食物，减少运输成本和碳排放"②。在伦敦政府的推动下，房顶、废弃工地，甚至一些常年不运营的驳船，都被改造成了社区菜园。尽管奥运会已经结束，这个项目目前仍在继续，截至 2014 年 8 月 15 日，在大伦敦③的

---

① 本小节整理自刘娟娟等《食物都市主义的概念、理论基础及策略体系》。

② Capital Growth 官方网站：http://www.capitalgrowth.org/home/。

③ 伦敦的行政区划分为伦敦城和 32 个区，伦敦城外的 12 个区称为内伦敦，其他 20 个市区称为外伦敦。伦敦城、内伦敦、外伦敦构成大伦敦市。

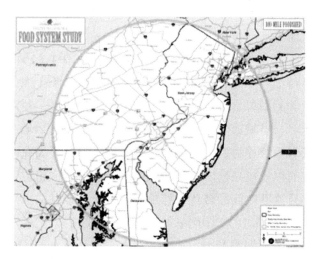

图 2.11   以费城市中心为圆点半径为 160 公里的 FOODSHED 本地食物圈

（涉及费城的 6 个郡，550 万人口）

资料来源：DVRPC，2010。

范围内已经存在 2278 个社区食物种植空间。仅在伦敦中心的威斯敏斯特区（Westminster）就存在 50 个种植空间，卡姆登区（Camden）存在 142 个种植空间，即使在面积只有 2.9 平方公里寸土寸金的金融中心伦敦城（City of London）的范围内，也存在 5 个种植空间（如图 2.12）。

（三）荷兰：可食的鹿特丹

在荷兰的鹿特丹，城市农业是永久的地方议程。自 2009 年起，一群来自各个领域的专家活跃在鹿特丹城市农业协会"可食的鹿特丹"（Edible Rotterdam）运动中，致力于通过城市农业提升城市的宜居性。在鹿特丹城市农业协会制定的"可食的鹿特丹"的宣言中，认为城市农业具有社会的、经济的和文化的多种功能，包括提供新鲜的本地食品、教育、锻炼、休闲、工作机会和促进社会融合的社区活动等；有助于改善环境和促进城市生态可持续发展；能够促进地区食物系统的形成，使城市发展更有弹性；在城市中为乡村打开一扇联系城市居民和地区农民以及农产品的窗户；能够使不同城市发展目标的相互依赖性更为明显，激发多元主体联合运作的方式并取代传统的单主体模式[1]。

---

① Edible Rotterdam 官方网站：http://www.het-portaal.net/node/153/167。

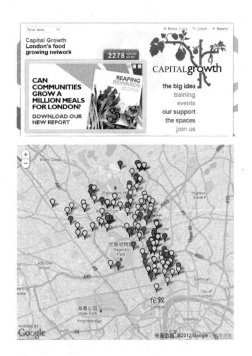

图 2.12　伦敦卡姆登区（Camden）农业种植空间分布图

资料来源：Capital Growth 官方网站。

　　在该运动的主导下，荷兰建筑师格拉夫（Graaf）开展了"鹿特丹城市农业空间"研究（Room for urban agriculture in Rotterdam），该研究将城市农业空间分为森林园地、小块的土壤种植农业空间、屋顶土壤种植农业空间、屋顶水培农业空间、室内水培农业空间五类，从空间、环境和社会文化三个层面把这些农业空间融入鹿特丹，绘制出鹿特丹城市农业的机会地图（Opptunity Map）（如图 2.13），并使用设计案例对机会地图进行检测和验证，揭示实现机会地图的可能性（2012）。该研究强调这是一种对于理想和现实的结合，一种具体的连接城市与农业活动的空间策略。

　　此外，在欧美各国，多项城市农业公共政策已在实施或正在制定中。在德国，联邦教育研究部（BMBF）开展了"未来特大城市的可持续发展"（2008—2013）项目，该项目在摩洛哥的卡萨布兰卡进行了一项城市农业在建设弹性城市中作用的研究，主要通过对消极土地的积极使用把可持续的农业生产与城市开放空间结合，形成创新的绿色生产性基础设施（GPI），用于改善城乡联系，形成新的"rurban"环境（Silvia, M. H, 2009；Kasper et al.，2012）。

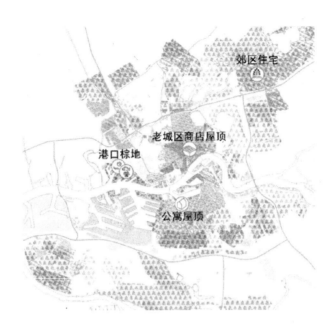

图 2.13　鹿特丹城市农业机会地图

资料来源：Graaf，2012。

　　加拿大安大略省滑铁卢地区的规划和卫生部门发现，在涉及食物系统问题时，他们共同面对许多挑战。于是两个部门展开合作研究，将食物系统作为不同部门公共政策的纽带，进行规划和公共健康干预（Nasr et al.，2012）。

　　英国的"过渡城镇"计划旨在减少城市生态足迹，在第一个启动的"陶特纳斯过渡城镇"项目中，已经开始正式实施一些初步的措施，包括加强本地食品网络和对本地人进行烹饪、蔬菜种植技术的再培训以及留出更多的城市空间作为自留地；该镇还致力于提高自身形象，积极成为"英国坚果树之都"，在街道上种植了许多品种的可食用的坚果树（卡罗琳·斯蒂尔，2010）。

　　纽约市在 2007 年地球日启动名为"PlaNYC 2030"的项目，给建造"屋顶农场"的市民减税优惠，2011 年，纽约进一步在规划中确定了潜在的新增城市农业用地和社区农园，新增了五个农夫集市，增加了社区农园志愿者的数量（PlaNYC 2030，2011）。这是城市农业首次在城市综合规划（Comprehensive Plan）的层面上得到认可（Mees et al.，2012）。

　　在有关城市养殖的问题上，2010 年美国撤销了城市养蜂违法的条例。

2012 年 1 月 31 日圣地亚哥市议会投票通过"后院养鸡合法化"法案，规定每家最多可饲养 5 只母鸡，但不能饲养公鸡。这样的规定在美国并非个例，纽约、盐湖城、诺克斯维尔等城市均在修改法律，允许居民小规模地养鸡①。

二　国内相关实践：尚无相关系统实践

在我国，城市中的农业活动多为近两年自发产生，尚没有系统的学术资料可以获得，更没有城市公共政策领域的实践。

较有影响力的具有农业城市主义精神的实践包括出现于 2008 年北京林业大学的翱翔社"校园农庄"，这是受到校领导的肯定和支持的合法的校园农业实践，以及位于武汉 K11 多元文化生活区的都市农庄（K11 Urban Farming）和东联设计集团开始于 2011 年的一系列"空中菜园"项目（如图 2.14）。此外，2009 年深港城市建筑双城双年展上，美国建筑师以名为《土地掠夺之城》的城市农田参展。这个作品坐落于深圳湾商业区广场，设计师试图通过这片农田传递"城市与乡村越来越分离，是一个误解"的信息②。2011 年成都双年展上，TAO 迹建筑事务所针对成都东部新城三圣片区，提出"街亩城市"概念，以回应双年展"田园城市"主题。这个概念设计将现有街道改造为立体分层的，混合了农业、休闲、商业和循环设施等诸多功能的"田桥"体系，延伸于城市中，形成了新的城市基础设施和公共空间界面。街亩城市概念希望将农业等田园要素引入城市内部并借此激发与之相关的服务业和城市生活③。

由于目前我国缺乏系统的合法的城市农业实践，尤其没有自上而下的城市公共部门发起的城市农业实践，因此也鲜有与实践相关的系统的学术资料可以获得，零散的城市农业实践多反映在媒体的报道中。笔者在对媒体报道浏览的过程中发现，我国媒体对于城市农业的报道基本上支持态度略多于反对态度，另有少部分持中立态度；与之相对，在对国外相关新闻报道浏览的过程中，发现除极少数无明确态度外，其余全部为支持态度。

① 邢雪：《将农业引入城市》，载《人民日报》2012 年 6 月 15 日 http：//news. xinhuanet. com/city/2012-06/15/c_ 123287458. htm。

② "土地掠夺之城"（深港双年展作品），译言网：http：//article. yeeyan. org/view/121382/73215。

③ TAO 迹建筑事务所官方网站：http：//www. t-a-o. cn/。

图 2.14   左上：武汉 K11 都市农庄
　　　　　左下：上海开能净水公司屋顶菜园   资料来源：东联设计集团。
　　　　　右上：深圳"土地掠夺之城"作品
　　　　　资料来源：http：//article. yeeyan. org/view/121382/73215。
　　　　　右下："街亩城市"资料来源：http：//www. t-a-o. cn/。

在实践类型上，我国目前自发的城市农业活动场所主要包括私人空间（阳台、私人院落）、屋顶、小区绿地、城市公共绿地、闲置用地、校园以及残疾人疗养院等医疗机构。在媒体的报道中，一般对在私人空间和屋顶进行的农业活动持支持态度，对在小区绿地进行的农业活动褒贬不一，对在城市公共绿地进行的农业活动持反对态度。总体来看，我国公众对于在无权属纠纷的空间中进行的农业活动态度较为宽容，对于涉及公共空间的农业活动则有较大争议。赞成城市农业活动的主要原因包括有效利用城市消极空间、低碳的生活方式、环境教育功能、增加休闲空间、增加交往机会等，反对城市农业活动的主要原因是空间权属问题以及技术问题（施肥、气味、蚊虫）。

第三节   对该领域关注度的上升趋势

尽管对于大多数规划者来说，农业依然是一个陌生人，然而，农业从未远离过城市，近年来，对该领域的关注度更是呈持续上升的态势。尤其是在 2005 年连贯式生产性城市景观思想引起国际规划、建筑、景观等相关学科的关注后，与该领域相关的理论、实践、展览、出版物等呈爆发式增长趋势（如图 2.15）。

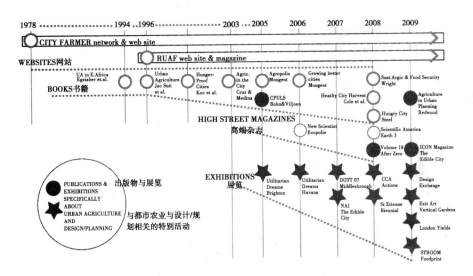

图 2.15　对该领域关注度的上升趋势

资料来源：卡特林·波尔等，2010。

除了上文提到的理论研究以及城市公共政策层面的实践外，相关的出版物也是农业城市主义思想传播的重要媒介。其中包括三个重要的节点，2005 年出版的《连贯式生产性城市景观》（*Continuous Productive Urban Landscapes*）第一次致力于提出完整的城市农业空间设计策略，正式开启了规划、建筑、景观学科对这一领域的研究。2011 年出版的《田园城市：农业城市主义的理论与实践》（*Garden Cities：Theory & Practice of Agrarian vrbanism*）提出了完整的社会生活的各个方面与农业生产相关联的社区规划方法。2011 年美国规划协会（APA）出版《城市农业：培育健康、可持续的空间》（*Urban Agriculture：Growing Healthy，Sustainable Places*）一书，这是一份关于美国规划界如何面对这一前沿领域的权威报告。除此之外，2010 年之后，其他相关出版物也层出不穷。

这一领域同样也得到了部分主流学界的关注和认可。欧洲规划院校协会（Association of European Schools of Planning，简称 AESOP）已经连续举办了六届"可持续食物规划"（Sustainable Food Planning）会议，2013 年会议主题为"城市食物系统的创新"，2014 年会议主题为"为生产性城市寻找空间"。作为世界景观界的"奥斯卡"，美国景观设计师协会（ASLA）连续四年将专业奖项颁给城市农业项目（如图 2.16）。2010 年芝加哥盖瑞康莫尔青少年中心屋顶农场项目（Rooftop Haven for Urban Agriculture）获奖，"这是一个为青少年以及社区中的老年人提供的学习空间，它把菜园变成了一个美丽和愉悦的场所"。2011 年，后院农场服务项目（Backyard Farm Service：A Business Plan for Localizing Food Production）"采用了商业计划书的形式，描述了一种令人激动的致力于本地食物生产的花园服务提供者的模式，这种模式提高了生物多样性和食品安全性，使农业生产重新融入城市和郊区的肌理中"。2012 年则有两个相关项目获奖，底特律拉法叶特城市农场项目（Lafayette Greens：Urban Agriculture，Urban Fabric，Urban Sustainability）"提出了在城市内部新鲜食物可达性的重要问题。这个项目将城市农业、社区花园、生产性景观以及关于食物运动的讨论植入了底特律的心脏地带。这是以一种参与性的、美丽的和丰产的方式将城市农业与城市空间和城市生活融合的演绎"；生产性邻里报告（Productive Neighborhoods：A Case Study Based Exploration of Seattle Urban Agriculture Projects）"着眼于西雅图城市农业的当前状态，提供了联合城市机构、客户以及当地农业社区，并共享有助于加强本地食物运动的成功经验"。2013 年，美国法明顿农业小镇复兴规划项目（Townscaping an Automobile-Oriented Fabric）获奖，"该项目参照了美国 20 世纪四五十年代有活力的农业社区。这是一个可食用的干预改造规划。规划对于每一条通往小镇的道路都进行了重新的设计。它用一种优雅的方式解决这一本来不浪漫的衰退问题。它是一个良好的开端：机动车道路是公共空间的一部分，应该去重新思考公共空间如何为公共利益服务，而不是仅为私家车服务"①。

与此同时，以城市农业为主题的设计展览也开始涌现，具有里程碑性质的是 2007 年荷兰建筑学院举办的题为"食城"（The Edible City）的展览，这次展览聚集了众多国际知名建筑师和艺术家，他们都在各自作品中尝试探索城市农业的课题，自此，类似展览不断增多：2006 年英国设计

---

① ASLA 官方网站：http：//www.asla.org/。

图 2.16 上左：芝加哥盖瑞康莫尔青少年中心屋顶农场
上中：后院农场服务项目
上右：生产性邻里报告
下左：底特律拉法叶特城市农场
下右：法明顿农业小镇复兴规划
资料来源：ASLA 官网。

委员会举办"时代的设计 07：城市农业工程"（DOTT 07：Urban Farming Project）展览；2008 年加拿大建筑中心举办"行动：在城市里能做什么"（Actions：What you can do with the city）的展览；2009 年"垂直农业"（Vertical Farming）展览在纽约"艺术出口"（Exit Art）举办；2009 年"城市农业：伦敦产量"（Urban Agriculture：London Yields）展览在伦敦建筑中心举办（卡特林·波尔等，2010）。

在新闻事件中，也可以看到对该领域关注度的上升趋势。2010 年美国评选出的十大年度绿色环保事件中，有两件与城市农业直接相关，包括城市居民更容易买到本地食物和城市养蜂合法化。美国第一夫人米歇尔·奥巴马在白宫养殖了两箱蜜蜂，大多美国城市居民认为，小规模养蜂有助于蜜蜂的保护①。

———————————

① 2010 年美国十大最典型的绿色环保事件：http：//green. sohu. com/20101221/n278433537. shtml。

第四节　本章小结

本章梳理了国内外的相关研究和实践发展以及该领域受关注度的上升趋势。在理论发展中，从城市"农业"到"城市"农业再到农业城市主义，可以看到农业与城市两条不同的学科研究脉络以及规划、建筑、景观学科在该领域研究中的演进过程。区别于以往的"城市农业"研究，"农业城市主义"强调规划学科的学科特点以及城市系统与农业活动的相互关系。欧美国家的规划、建筑、景观学科领域已经出现相对完整的四类理论（连贯式生产性景观、食物都市主义、农业城市主义、食物敏感型规划与城市设计）。而在我国，理论研究刚刚起步，多处于学习以及介绍国外研究的阶段，尚没有针对中国城镇化特点、用地权属等现状对城市与农业的相互作用的机制进行分析，尚无完整的城市与农业联合的研究。

在理论研究中，霍华德、柯布西耶等城市规划先驱者们的思想中有关城市农业的论述成为农业城市主义思想的理论源头，欧美国家规划、建筑、景观学科出现的四类完整的相关理论则是本书直接的理论基础，而在农业学科与规划学科之间摇摆的大量研究则为本书提供了有益的借鉴。

在实践发展中，欧美国家的城市农业实践已经发展到将农业提升至城市公共政策的层面，致力于将农业与各类城市事务相联系，中观的城市农业空间以及微观的城市农业技术方面的实践在近年来更是呈爆发状态。反观我国，还没有系统的城市农业实践，近几年在城市中出现的零散市民农业活动至今仍处于自发状态，游走于城市规划、城市管理的灰色地带，缺乏相关制度的认可和引导，这也是城市农业在我国备受争议的原因之一。

人们对该领域关注度的持续上升趋势说明，在可持续发展将是人类关注的长期发展主题的前提下，城市规划学科在该领域的研究将继续推进并保持繁荣，在进一步确立规划学科对城市与农业问题的核心研究内容和研究体系后，将有可能影响城市决策。此外，国外的城市农业实践三个层次的需求——对食物保障的需求、社区发展的需求、城市可持续发展的需求——目前在我国同时存在。因此，无论是城市管理的现实需求、社会背景还是时代背景的诱发，城市中农业活动的产生已经成为一种明显的趋势，在这种情况下，进行系统的农业城市主义研究以指导城市农业活动，并将农业整合到城市空间建设中甚至上升到城市公共策略的高度就是必要的了。

表2.1 国内外农业城市主义研究、实践、关注度的区别

	欧美国家	我国
理论研究	出现四类完整的理论：连贯式生产性景观、食物都市主义、农业城市主义，食物敏感型规划与城市设计	理论研究处于学习以及介绍国外研究的起步阶段； 没有基于中国城镇化特点、用地权属等现状对农业与城市的相互作用的机制进行分析； 没有完整的城市与农业关系的规划思想研究
实践发展	将城市农业提升至城市公共政策层面； 致力于将城市农业与各类城市事务相联系； 各类城市农业实践呈爆发状态	没有系统的城市农业实践，尤其没有自上而下的城市公共部门发起的城市农业实践； 零散市民城市农业活动处于灰色地带，备受争议，缺乏相关制度的认可和引导
关注度	持续的上升趋势	持续的上升趋势
结论	我国需要进行系统的农业城市主义研究以指导城市农业活动，并将农业整合到城市空间建设中，进一步上升到城市公共策略高度	

第三章

农业城市主义的价值观

当今的时代是价值观发生改变的时代，在 35 年改革开放的激荡中，中国主流价值观的改变如雪崩般剧烈，旧的价值观体系崩塌，新的价值观体系尚未建立。城乡规划领域也同样经历着价值观的嬗变。中国特殊的快速的城镇化过程使规划师大有可为，然而由于片面追求速度以及对实用主义的过多关注，规划师往往丧失了对价值观的思考；同时，快速发展带来的城市问题也在逐渐甚至爆发式地暴露，这使得越来越多的规划师开始反思"我们究竟要什么""我们应该去哪里"。2011 年，城市规划学科脱离了建筑学科，升级为城乡规划学一级学科，拥有了更为广阔的发展空间和更为综合的发展道路，诸多学者开始探索和思考城乡规划作为一级学科的核心价值所在。正如狄更斯所说，"这是最好的时代，也是最坏的时代；这是智慧的时代，也是愚蠢的时代"，一切都在崩塌，一切又都在重建。因此，笔者迫切地提出农业城市主义的价值观，希望在这个改变、反思和重建的时代，为长期以来备受忽视的农业正名，使农业问题进入更多规划师的视野，为城市中农业活动的合法地位摇旗呐喊。必须说明，在农业城市主义价值观体系的探讨中，笔者呼吁的是在权属清晰、管理得当的前提下，对城市与农业关系的重新审视，而绝非倡导农业在城市空间中的泛化和符号化。

第一节　城市规划的价值观：成为城市"良心" 还是成就城市"野心"

如前文所述，价值观是农业城市主义的研究内容之一，也是我国城市规划的研究内容之一，尤其在我国城市飞速发展建设的背景下，对这一问题的探讨更是必要。但是，在我国的规划实践以及规划教育中，对价值观的重要地位仍缺乏足够的认识，甚至缺失相应的内容。杨保军在对 30 年城市规划的回顾中，表达了对规划行业"模糊了是非"的感想："很多明显荒谬的东西出来，我们未必都敢据实相告，更少见据理力争。"（2010）实际上，不仅"不敢言"，同时也存在"不能言"——不能分辨是非，甚至"不愿言"——干脆混淆是非的现象，而这些都与规划师价值观的缺失有重要关系。

美国伊利诺斯大学的张庭伟教授曾介绍过，在美国注册规划师协会（AICP）和美国规划院校联合会（ACSP）所制定的规划硕士（MUP 学位，也是美国规划师的标准职业学位）教育标准中，一个合格的规划师必须具备知识、技能和价值观三方面的素质。这其中，将价值观纳入教育标准的目的在于"培养出有职业道德的规划师，使规划师认识到他们的决策可能造成的社会、经济、环境影响，并要求规划师能为由此导致的后果承担责任"。与美国对规划师价值观的重视相比，张庭伟教授认为我国的规划教育在培育规划师的价值观方面急需改进，并建议全国性的规划组织和规划院校有步骤地开展培育规划师正确价值观的工作（2004）。

一　城市规划的核心价值观：城市的"良心"

那么，到底什么是城市规划的核心价值观？城市规划究竟应该成为城市"良心"还是成就城市"野心"？实际上，对于这个问题，国内学者基本能够达成共识——公正、公平是城市规划的核心价值观（陈清明等，2000；张庭伟，2000；石楠，2005；孙施文，2006；李京生，2006）。同时，也不乏其他的思考，认为不能简单以西方城市规划的价值观来指导中国转型期的城市规划实践。这种观点认为，促进经济增长和发展是我国城市规划的主要职责之一，尽管城市规划必然走向社会理性，但"规划是生产力"对于转型期的中国城市规划来说具有内在的合理性，转型期中国城市规划价值观应该是"多元"的（王勇等，2006）。

笔者认为，无论在什么时期，公正、公平都应该是城市规划的核心价值观，尤其在转型期，明确这个核心价值观更为重要。城市规划当然不反对经济的增长，但是如果认为促进经济增长是城市规划的主要职责，那就在某种程度上混淆了政府、市场和城市规划的职责。实际上，目前我国的城市发展中出现的种种问题就部分源于这种职责不清的状况，政府公共服务的职责与市场经济发展的职责混淆，城市规划公平配置资源的职责与市场经济发展提高资源配置效率的职责混淆，职责混淆衍生的后遗症就是无法追溯由此导致的后果的责任主体。在这种情况下，城市规划往往就会承担各种"莫须有"的罪名，甚至是为所有的城市问题承担罪名：城市经济不振是因为"城市规划阻碍了城市发展""城市规划缺乏前瞻性"；城市发展出现房产过热、拆迁冲突、耕地流失、环境恶化、居住隔离等问题，则是城市规划"沦为钱权的工具"，孙施文认为，这"可以说是城市规划丧失立场之后的自取其辱"（2006）。笔者前文所提出的城市发展的双螺旋规律同样也适用于城市规划与市场经济发展的关系。城市的正常均衡发展应该是两个相反方向合力作用的结果，如果说市场这只"看不见的手"以经济效率为准则引发了城市的种种"野心"和"冲动"，那么城市规划这只"看得见的手"必须以公正、公平为准则，成为反向的作用力，时时展示城市的"良心"，"唱唱反调"，以与市场相对的合力方式推动城市的健康发展。很难想象，只有单方向作用力的城市发展将会走向何方。

二　城市规划的衍生价值观：农业城市主义价值观

城市规划的价值观当然可以是多元的，这些多元的价值观实际上是公正、公平的核心价值观的衍生，并受到核心价值观的统帅。在公正公平的大框架之下，我国学者近年来也不断针对城市问题进行多元价值观的研究，包括人本主义价值观（康艳红等，2006）、生态伦理价值观（应云仙，2007）、环境伦理价值观（秦红岭，2009）、多元利益主体价值观（张昊哲，2008）、居住空间正义价值观（何舒文等，2010）等。综观这些多元价值观的出现过程，它们的出现都是针对某些不公正、不公平的城市问题，试图以此平衡城市规划中涉及的各种相对应的关系。在城市与人的相对关系中，正因为城市发展中对人的需求、对社会需求的忽视，霍华德、盖迪思（Patrick Geddes）、芒福德（Lewis Mumford）的人本主义精神被再次强调；在城市与环境的相对关系中，正因为城市发展破坏了环境，生态伦理、环境伦理价值观发出了公正对待环境的诉求；在规划与政府的相对关系中，正因为长期以来过分强调了规划为政府服务的职能，多元利益主体的价值观受到重视；在贫富城市居民的居住空间关系中，"居住空间正义"一词本身就强调了对城市非公正居住空间分异的批判。

那么，城市与乡村的关系中，最大的公正是什么？对于这个问题，学者们也已经给出了答案：改变"城市偏向"，实现城乡融合，他们还进行了大量城乡融合途径的研究。但通常情况下，规划师对于城乡之间的农业空间是不作讨论的。而实际上，农业是乡村地区发展的内生力量之源，是城市地区发展的最基本的物质基础，对农业的忽视是不公平的。日本学者岸根卓郎认为，必须打破城市的人工系要素和乡村的自然系要素之间的界限，将其进行组合，在国家层面实现国土结构中多种多样的社会要素完全系统化，在混沌中追求整体的协调美和进化（顾孟潮，1991）。农业空间应该成为这个混沌系统的基质，在这种视角下，城乡融合实际上可以是"城—农—乡"的融合，在现行的城乡规划体制下，可以从"城—农""农—乡"两个层面进行考察，本书即是对"城—农"关系的研究。既然对农业的忽视是不公平的，城市蔓延、农业萎缩是不公平的，城市仅作为生态的消费者而不进行生态的生产是不公平的，那么在城市规划公正、公平核心价值观的框架下，应该出现强调城市与农业关系的价值观，这就是农业城市主义价值观。

第二节 农业城市主义的价值观

一 城镇化不是"去农业化"：目标导向"对立"与"共生"之辩

（1）城市与农业的"对立"

长期以来，我们习惯于将城市与农业割裂和对立起来，似乎城镇化就是"去农业化"。这种二元对立表现在城市与农业在发展空间上的竞争性，在技术手段上对农业活动所可能带来的污染、病虫害、气味等负外部效应的质疑，以及在管理中缺乏相关细致的法规和对城市农业活动的全面禁止。

在宏观的层面，城市与农业在空间上的竞争性表现在"城进农退"的传统城镇化过程中：城市诞生的过程中，农业被逐渐驱逐出了城市的范围；城市发展的过程中，城市周边的农业用地不断被大肆侵占。近年来，这种侵占出现了更具有欺骗性的趋势，即在城市郊区遍地开花的农园、农场、农庄建设中"以农业之名，行房产之实"。即便是在镇规划、乡规划和村庄规划中，规划者也普遍将建设用地与农业用地剥离，在乡村建设用地范围内基本沿用了城市用地的布局模式，甚少考虑农业用地对乡村建设用地的影响，或者仅将农业用地视为一般的生态基质，忽略了农业的社会、文化功能以及农业活动及其附着于其上的意识形态对村庄物理形态的影响。而在城市管理中，对城市农业活动的管理无法可依，也无相对应的管理主体，导致城市往往简单粗暴地全面禁止城市农业活动。更严重的是，城市在空间上驱逐农业的同时，也在意识形态上排斥农业，"农民""务农"成为社会底层的代名词。

在微观的层面，市民自发的城市农业活动由于缺乏引导和管理，破坏公共绿地、随意使用有难闻气味的肥料、对病虫害管理不善等情况往往引发各种用地和空间权属纠纷、邻里民事纠纷等问题，导致城市更加"坚定"了"去农业"的管理模式。城乡规划中"去农业"的思想将农业用地指标化、抽象化，忽视了农业作为经济生产和社会生活共同体的复杂性。2012年年初，深圳的农林渔业局被撤销，并入经济贸易信息化委员会，深圳成为我国首个"没有农业"（2011年，农业在深圳市统计数据中所占比重为零）、没有农业局的城市①。在有意或者无意中，城市终于"成功"地从"肉体"到"精神"彻底地消灭了农业。

（2）城市与农业的"共生"

当然，城乡发展过程中面临的种种问题背后有着诸多复杂和多元的因素，这其中，城市与农业的"对立"这一因素往往被忽视。在快速城镇化的进程中，城市人口与乡村劳动人口此长彼消，与此同时，蔓延的城市与萎缩的农业也形成了鲜明的对比，城市的食物足迹和生态足迹越来越大。然而，在频发的自然灾害（暴雨）或人为灾害（雾霾）面前，大城市尤其是特大城市的脆弱性暴露无遗，如果不为农业生产留下后备的空间和后备的人力资源，一旦由于灾害或政策变化导致食物足迹的某个链条断裂，城市就有可能要面对食品匮乏的危机。为此，城市不应再将食物视为乡村理所当然的馈赠，而应该反思如何在有限的范围内供养城市人口乃至更广地域范围的人口，如何实现可持续的食物消费，如何实现一定程度的食物自给自足，重新考虑城市与农业的关系。

农业与城市，尤其是与经济发达规模庞大的巨型城市应该是怎样的关系，这是一个值得思考的问题。实际上，这不仅是一个问题，更是一个关

---

① 详见2012年4月20日《南方日报》雷辉、杨磊、王伟正的《撤销农业局　深圳农产品供应存隐患？》。

系民生之本的大问题。

"共生"一词，原为生物学概念，黑川纪章先生将其引入建筑与城市领域。他在《新共生的思想》中指出，"共生"一词是佛教与生物学的交叉概念，"共生"这一新的概念仍在创建过程中，并将其内涵概括为5点：共生是在包括对立与矛盾在内的竞争和紧张的关系中，建立起来的一种富有创造性的关系；共生是在相互对立的同时，又相互给予必要的理解和肯定的关系；共生不是片面的不可能，而是可以创造新的可能性的关系；共生是相互尊重个性和圣域，并扩展相互的共通领域的关系；共生是在给予、被给予这一生命系统中存在着的东西（黑川纪章，2009）。无独有偶，章俊华先生也认为："农业是人类与自然和谐共生最典型的模式，无论城市怎样发展，最不应该失去的就是这种人与自然共生的生活模式，未来的城市需要'农'的思想。"（2008）

在城市生活中不应该忽视"农"的存在，农业空间不仅仅是生产空间，也是生活消费空间和生态环境空间，是一个完整的地域社会空间（华晨等，2012）。"农"与城市也应该并且能够是共生的关系，也就是说将只有"农"才具有的自然性、循环性、生命性、抚育性导入现在的人工的、无机的、非循环性的城市系统中，能够形成一种创造新事物的积极性的共生关系（章俊华，2009）。连贯式生产性景观的倡导者维翁和波尔认为，城市规划应该提供与食物有关的空间作为"必要的基础设施"。线性的、工业化的城市能源和食物系统使多数城市人并不清楚我们的城市资源从哪里来，又到哪里去，而将农业这种典型的循环系统纳入城市系统之后就可以帮助改善这一问题，这正是低碳城市、生态城市所倡导的。在现今的开放世界中，我们不可能也不需要做到完全的食物自给自足，但是我们完全能够在一定程度上实现自我依赖，为农业生产留下弹性的可能的空间甚至储备人力资源，利用城市资源就地生产食物，然后在生产地消费食物，并将有机废物重新投入生产，创造一种平衡生产与消费、输入与输出、城市与农业共生的新型关系。

二 日常生活美学：农业生产"美"与"丑"之辩

笔者在问卷调查中发现，有被调查者反对城市农业的原因之一是认为农业活动有损市容。有被调查者认为，自己居住的小区中如果出现农业活动会影响小区景观品质和房价。如果放在时下流行的网络词语语境中，可以这样说：农业活动不符合"高端大气上档次"的审美取向。那么，农业真的是"丑陋"的吗？在城市的领域中，又何为"美"，何为"丑"呢？

1899 年，美国的制度经济学鼻祖凡勃伦（Thorstein Veblen）在《有闲阶级论》中指出，如果对"炫耀性消费"不加以制约的话，某个链条断裂将导致全球经济危机的连锁反应（兰波，2012）。如果说 20 世纪之前，"美"还具有其古典的内涵和公认的判断标准，那么 20 世纪以后，随着现代主义和后现代主义的发展，古典的美学仿佛被彻底抛弃了，"创新"仿佛是出笼的猛虎，似乎任何对经典的颠覆和反叛都可以以"创新"标榜。在城市建设领域，古典的审美原则已经无法束缚规划师和设计师求新求异的脚步，审美与审丑的界限模糊了，"奇奇怪怪"的建筑如纪念碑般矗立在城市中，当然，规划的任何控制性导则在这里都是不适用的。我们已经无法分辨"炫耀性消费"究竟是在"炫美"还是"炫丑"，或许最终只能归结为"炫富"。

在中国文化中，"畸形"审美也由来已久，尤其是以贵族与士大夫为代表的"上层阶级"，习惯于选择与大众不同的文化特征来彰显其地位和能力。大众文化是以"生产性"为基础的，士大夫文化则以"不事生产"为标志，于是以非生产性为高贵以畸形为美的"小脚美学"成为定义美的重要标准之一（俞孔坚，2010a）。在我们的城镇化进程中，除了纪念碑式的建筑外，"城市美化"运动在"小脚美学"的引导下成为政府、设计师炫耀和表演的舞台，更遑论以"法式优雅园林""西班牙风情小镇"等作为卖点的房产营销。笔者曾经从事景观设计工作，亲身经历并执行着"大树进城"、大而无当的广场建设、"奢华"的花岗石人行道甚至车行道铺装等种种机械性、形式性的设计任务。城市追求一种统一的符合"小脚美学"审美取向的惊奇"美"，与之不符的便被称为"丑"。封闭式的小区花园是"美"，老小区的街边菜地是"丑"；昂贵的异域植物是"美"，乡土的蔬菜瓜果是"丑"；宠物狗是"美"，鸡鸭是"丑"。这些"丑"都在"被城管"之列，城市对"美"的包容正在变得狭隘。城市可以令人惊奇，如拉斯维加斯，然而，更多的时候，城市应该是中正平和生活化的。如果我们评判百年前豪斯曼（Baron Haussmann）的巴黎改建计划带有政治意图，或许百年后我们的城市美化运动也会被后人如此评判。

不过幸好，我们还有"日常生活美学"（Everyday Aesthetics）。在张法教授的研究中，曼德卡（Katya Mandoki）的理论是肯定日常生活美学的典型代表，他的《日常美学》否定了传统美学基础观念体系，全面肯定了日常生活美学，将传统美学的迷误总结为三类"拜物教"：一是美的拜物教，即把美认作独立于主体、不以主体为转移的客观存在，这会导致现在人人都感受到的日常生活的美得不到理论上的承认；二是艺术作品拜物教，只以艺术作品为美，那么日常生活的美就得不到理论上的承认；三是审美对象拜物教，只把艺术作品看成审美对象，那么日常生活作为审美对象就得不到理论上的承认（张法，2012）。在传统美学的视野中，日常生活是琐碎的，日常生活的空间是"混乱"的、"无秩序"的，日常生活的景象是"丑陋"的、不光鲜的。20世纪上半叶，正是为了要改变大都市中这种、琐碎零散的景象，使"混乱"的"无秩序"的城市进化到"理性"的"秩序"的状态，以清晰的功能分区为主要诉求的《雅典宪章》应运而生。尽管在之后的城市建设过程中，究竟哪种方式、哪种逻辑是更为合理的——是以理性的秩序统一生活的"混乱"，还是以生活的"混乱"打破理性的秩序，抑或是"混乱"与"秩序"应在空间上区隔——并无定论，但是《雅典宪章》中将"混乱"与"秩序"相对立的机械式思维方式已经被抛弃。在某种程度上，城市中反映着日常生活的"混乱"带来了生机和活力，带来了"日常生活的美"。日常生活的美是一种表现过程，是一种动态的美。然而，我们的城市建设往往将"美"静态化，"混乱"和"丑陋"是不被允许的，我们的城市管理者武断地理解了"混乱"和"丑陋"，企图净化城市。最为可悲的是，大众的眼中也鲜少再有日常生活的美，或者鲜少推崇生活的美，甚至以生活的美为耻，迫不及待地要挣脱这种生活的美。在这种时候，或许只有批判"美"，才是捍卫美的正确方式：填补那些因水土不服而凋零的外来树种，利用那些大而无当的广场，揭开那些早已破碎的花岗石，让"丑陋"的农业重新回到我们的日常生活中。

三　兴，百姓苦：服务对象"缙绅"与"市俗"之辩

如果我们接受以日常生活美学为审美取向，那么城市农业的主要服务对象也就自然而然地指向了"市俗"阶层。与其他学科相比，规划和建筑学科更倾向于高端化和精英化，以大师为设计标杆，以政府为服务对象，虽然信奉为大众服务的职业道德，但自身不愿处在中产阶级之下（华

晨，2011）。笔者并无意以收入明确划分"缙绅"与"市俗"，也无意在
城市建设中提倡唯阶级论，而是倡导着眼"市俗"日常生活的需求，而
非一味追随"缙绅"的"高雅"品味。在城市的建设中，我们可以看到
"缙绅"对"市俗"的一次次冲击，这种冲击可能是暴风骤雨式的，也可
能是"和风细雨"式的，而"和风细雨"式的冲击更为隐蔽。笔者发现，
不知道在什么时候，杭州的新湖滨地块原本庭院式的公共空间被添加了屋
顶和大门，原有的水系和喷泉被填平，代之以光亮的花岗石铺装，变成了
大商业集团的奢华中庭。城市让生活更美好，可是，什么样的城市会让谁
的生活更美好？是中产阶级有更多喝咖啡场所的城市让生活更美好，还是
市俗大众有喝茶的能力和心力的城市让生活更美好？

　　在我国经济快速发展城镇化水平迅速提升的过程中，城市的功能得到
了极大的扩展，这些多样的功能也是城市的魅力和吸引力所在。然而，在
这过程中，我们也不能忽略了城市最基础的功能——提供公共服务，保障
民生。2011 年《中国城市发展报告》指出，城市贫困问题日益突出。城
市低保人口比重从 1996 年到 2009 年逐年攀升，尤其自 2002 年以来出现
大幅度攀升（潘家华等，2011）。这与我国近十年来平均 10% 神话般的
GDP 的增幅形成了鲜明的对比，兴，百姓苦。诚然，发展必然是值得欢呼
和肯定的，然而，我们也要防止以"发展"的名义和经济模式对"市俗"
进行排斥、掠夺和丑化。在高速发展的情况下，那些因"缓慢""不经
济""效率低"而被排除在现行主流发展模式之外和被否定、被忽视的部
分中，往往会隐藏着宝贵的内容，这些内容在某种程度上也是传统道德和
价值观的主要载体和表现形式。

　　法国哲学家萨特（Jean Paul Sartre）说，存在先于本质。城市的底线
是"生存"；建筑也首先是一种生存的空间；俞孔坚教授将景观设计学定
位为"生存的艺术"和"监护土地的艺术"，而非一门"消遣、娱乐的造
园术"。不管规划、建筑还是景观，都不应该将展示或者炫耀作为第一要
义，对"市俗"生存的关怀，是危机来临时的最后保障，也是城市发展
的弹性。巴菲特（Warren Buffett）说，退潮之后，就知道谁在裸泳。王者
以民为天，而民以食为天。规划师和设计师作为影响城市发展的重要人
群，同样应该以民为天，以食为天。那么对农业系统、食物系统的关怀也
就是顺理成章的了。

　　笔者的调查显示，城市居民对于就近的、日常生活范围以内的农业活

动场所存在普遍的需求，或希望获得廉价安全的食物，或享受收获的快乐，或愿意作为休闲交往活动。尤其在中国快速城镇化、老龄化同时出现的情况下，大量的弱势群体对营养、健康食物的可达性是城市生存最基本的关怀。在食品安全危机的冲击下，城市中产阶级购买更加昂贵的有机食品，特权阶层食用特供食品，那么城市弱势群体呢？尽管是否能够在城市生存并不主要取决于食物，解决食品安全问题也不能单纯依靠自给自足的生产方式，然而，成本低廉，能够快速有效改善城市贫困家庭营养结构、为市民提供新型娱乐休闲场所和心理依靠的城市农业，仍然不失为解百姓之苦的途径之一。

四 不必害怕，这岛上众声喧哗：建设模式"集中大发展"与"分散微行动"之辩

在笔者的调查中，被调查者对城市中的农业活动的反对可以总结为各种恐惧：怕噪声、怕臭味、怕虫子、怕蜜蜂、怕房价受影响。对于城市管理者来说，最主要的恐惧应该就是怕麻烦了。除去对于农业活动负外部性的正常担心，以及由于土地权属带来的争议，这些恐惧有着更深层次的哲学根源。

曼德卡《日常美学》不仅归纳了传统美学的三类拜物教，还指出了四大恐惧，分别是：麻烦恐惧、日常不纯洁恐惧、心理主义恐惧、非道德恐惧，四者都是传统美学对由日常美学（以及其他美学）带来的审美泛化的恐惧（张法，2012）。简单来说，就是对于日常生活本身的恐惧。这在城市的领域中即表现为"恐惧的城市化"。这一概念由瑞士联邦理工大学城市社会学实验室的社会学家吕卡·帕塔罗尼（Luca Pattaroni）在其《不安全与割裂：拒绝令人恐惧的城市化》一文中提出：通过一系列与建筑以及城市化有关的社会和技术装置，将城市形态与社会关系割裂，形成了"恐惧的群岛"城市格局，这种城市秩序取代了那个想营造所有陌生人能够和谐共处的公共空间的理想（2010）。

我们给一部分人、一部分地区和一部分行为贴上了标签，穷人是"危险"的，农民工是"危险"的，城乡结合部是"危险"的，城中村是"危险"的，垃圾是"危险"的，街头艺术是"危险"的，抗拒拆迁是"危险"的。尽管有形的城墙早已消失或变成了历史遗址，其防御功能也早已不再，"开放"是当代城市的主要特征，然而，城市内部却出现了一

个个围墙包围和分割的"群岛"——封闭式门禁社区（尤其是高档住区），城市外围的围墙收缩到城市内部和人们心中，城市空间格局和城市社会格局呈现防御性和破碎化，只不过，这一次我们防御的是自己人而非敌人。外来者欢欣鼓舞地进入"开放的"城市，却悲哀地发现依然无处落脚。据新闻报道，2012 年 9 月，广州两小区业主为加建在两小区之间圈住原本两个小区共用绿地的铁栏杆而大打出手，甚至导致防暴警察出动。对于相邻小区的人员也能不包容至此，可叹可悲。城市建设者一直在努力营造的归属感，不知何时竟被解读成了"不包容"。

出于对"危险"的恐惧和对"秩序"的追求，我们进行了一次次城市"美化"运动，并将这些运动转变成各种城市规划和城市建设项目。低收入者不得不离开改造后房租提高的城中村，遍布小店铺的老街区被改造为中产阶级"新天地"，老旧社区的外墙被粉刷一新，小夜市被取缔。城市固然一天天变得更为整洁（当然伴随着相当大的资金投入），可是，低收入者又应该在何处落脚、娱乐和购物？鲜亮的外墙（往往很快又再次变得黯淡）能够提升老旧社区居民的生活质量吗？与重物理形态和短期观感的"美化"措施相比，实施属意长远的具有包容性的城市项目更为重要。与狭隘的"归属感"相比，我们更需要公共社会归属感和城市公共精神。

对于城市管理者来说，最大的恐惧或许就是"麻烦"了。为了发展的效率，就必须避免"麻烦"，因此，我国的城市建设模式通常都是"集中式的大发展"。由于历史的原因以及法律制度、行政意识、公民意识发展不足等原因，加之政绩的需求和 GDP 的考量，"举国体制"在城市建设领域的投射通常是由政府发起的集中针对某一类问题、某一类事件的大行动，无论是全国范围的工业园区建设、开发区建设、新城建设、新农村建设，还是各类地方特色建设项目，无一不是政府实施、快速推进的大发展。不可否认，这种举国建设模式的效率是举世瞩目的，在特定的历史时期也是必需的。然而，问题也随之慢慢显现。长期对公意的忽略导致政府和管理者有意或无意地无视底层的、细微的和真实的日常生活。某些管理者习惯于站在高处、自上而下地审视一座城市，习惯于描绘一种过于高调、宏大甚至虚幻的城市或乡村的蓝图，而这种蓝图呈现的往往仅是权力的荣耀，而非"庶民的胜利"。刘海粟的大山大水纵然宏伟，齐白石的小鱼小虾才是生活常态。在 2005 年引领了中国生态城建设热潮的上海东滩生态城市规划中，农业被赋予厚望成为生态城市整体发展策略的起点，被期望能够借此建立新的、可持续的城郊关系。然而随后土地荒置、建设项目停滞、以生态之名行房产之实等各类负面报道使这一生态城计划招至很多争议。尽管当初建造生态城的愿望是良好和真诚的，但这一片片投资巨大的"生地"仍免不了招致觊觎。在我国，自上而下的集中大发展容易演变成运动，甚至是被资本绑架的运动，而任何事情一旦变成了过热的运动就往往背离了初衷，迷失了本来的方向。

尽管从 20 世纪 80 年代末公众参与的概念就开始受到我国规划学术界的关注，然而不能从源头开始的参与始终未能真正表达公意。曾经写出了恬静的《瓦尔登湖》的梭罗，同时也有一篇激情澎湃的《论公民的不服从》，不服从是公民的权力。随着我国公众公民意识的觉醒，信息平台的建立，以及表达渠道的畅通，公众对于城市建设中自身的参与权、知情权、决策权、监督权的呼声越来越强烈。2010 年被称为我国的"微博元年"，到了 2011 年，微博已经渗透到了人们日常生活的方方面面，其影响力无"微"不至，"围观改变中国"一语已经在城市建设中有所反映。苏州东方之门的"秋裤"造型通过微博引起了国民的关注，并引发了公众对于城市公共建筑话语权的讨论。集中的大发展容易将多样化也席卷而去，而分散的微行动恰恰能够补充这种多样化。可以想见，在这样一个"微时代"，分散的微力量和微行动将会以合力的方式给城市建设带来更深远的影响。

城市农业是极具包容性的活动，它具有一种聚合的作用，能够把不同阶层、不同性别、不同年龄的人联系在一起（Morgan，2009；Derkzen et al.，2012）。在食物关系链上，个体相互关联：既是食物的生产合作者，也是食物的消费合作者。在呼唤城市包容性的时代，城市农业应该得到合法的地位。城市农业通常是市民自发的分散的小规模行动，习惯了集中发展模式的思维方式的城市管理者，或许会对这种分散的行动有天然的抗拒。然而当我们还在苦苦思索公众参与的模式时，公众实际上已经身处城市建设的过程中了，尽管这种参与还需要得到规范和引领。与空间的分散相适应，城市农业所涉及的设施也多是分散、小规模的，包括分散的种植设施、分散的回收设施（详见第七章）。当城市中各种集中模式受到质疑的时候，这些分散的、接近公众的设施是对城市集中设施的有益补充。不管我们要建设绿色城市、生态城市还是低碳城市，只有公众的广泛参与才能使之成为有意义、有价值并有可行性的命题。城市农业这种典型的"微行动"已经在城市中悄然展开，在良好的引导和组织下，城市农业将不会成为城市的问题，而是城市分散式建设模式的希望。

伦敦奥运会开幕式以莎士比亚的喜剧《暴风雨》中的名句"不必害怕，这岛上众声喧哗"统领全场。是啊，实在不必害怕，这喧哗的众生构建城市，我们何须惧怕真实的生活？菜地不可怕，"丑陋"不可怕，"市俗"不可怕，日常生活不可怕，公意不可怕。

第三节　本章小结

本章首先明确了城市规划的核心价值观，并说明农业城市主义价值观是城市规划核心价值观的衍生和有益补充。从目标导向、审美取向、服务对象和建设模式四个方面建立了农业城市主义的价值观体系：农业与城市是共生而非对立的关系，农业活动符合日常生活美学的审美取向，城市农业活动着眼"市俗"的日常生活需求，在建设模式上更倾向于分散，呼吁合理引导下的市民和社会团体的主动参与。

如果说方法论和方法是解决某种城市疾病的"西药"，那么价值观就是调理城市综合状态的"中药"。此外，秉承城市与农业联合的基本思路，农业城市主义价值观的构建并不仅仅着眼于城市各种问题的表象，也不仅仅着眼于城市农业自身的发展，而是通过剖析城市问题表象之下的深层次哲学原因，尤其是目前城市各项建设中对"日常生活"的轻视，从农业的视角开出对症的"中药药方"。同时，农业城市主义价值观的确立也是城市农业"自我辩护"的过程，笔者也期待通过这种"辩护"能够为我国城市与农业关系问题的研究和发展赢得更为包容的舆论环境。

表 3.1　　　　　　　　　农业城市主义的价值观体系

目标导向	审美取向	服务对象	建设模式
农业与城市共生	日常生活美学	市俗生存关怀	分散微行动
城镇化不是"去农业化"，城市与农业可以形成平衡生态生产与消费、食物输出与输入的共生关系	农业生产并不丑陋，农业生产符合日常生活美学，农业空间作为日常生活空间应该被视为审美对象	规划者应置身中产阶级之下，关怀"市俗"生存状态，视农业为解城市弱势群体生存之苦的途径之一	源自自发行动的城市农业以分散、小规模的微行动模式和分散的农业空间和设施对城市集中设施进行有益的多样化补充

第四章

农业城市主义的思想内涵

　　尽管已有学者开始关注农业这个陌生人，然而简单的"拿来主义"显然很容易陷入脱离中国现实情况的误区，或者将农业在中国城市中的应用泛化、符号化，或者出现"大跃进"的倾向。目前在城市与农业关系的研究中，由于分析工具的缺乏和对城市与农业相互作用机制的不理解，研究难以深入，多数停留在呼吁和倡导的层面。因此，在中国的农业城市主义研究中，要想了解这个陌生人，知其然、知其所以然是很必要的，只有在理解城市与农业相互作用机制的基础上才能够对国外研究在国内的适用性作出判断和选择，并进行基于中国现实的研究。为此，笔者引入农业社会学理论，并在我国城镇化进入深度发展阶段的背景下，试图揭示农业城市主义的内涵。

　　近年来，越来越多的研究者开始强调农业除食品生产外的社会、文化等功能。松尾孝领年在 1974 年提出的城市环境事业理论中认为，在快速城镇化地区，农业发展应该由传统的粮食生产转向维护环境安全和提供休闲服务（蔡意中，2000）；邹德秀教授提出要开展农业社会学研究（1990）；日本学者祖田修提出"空间的农学"，追求农业的综合价值，认为农业空间既是生产（经济）的空间，也是生态环境的空间，同时又是生活的空间，是一个完整的"生存空间"（2003）。在这些研究中，最具有代表性并且目前在欧洲地区被广泛接受的是欧盟的农业多功能性理论（Multifunctional Agriculture，简称 MFA）。

　　经济合作与发展组织（OECD）是目前最为权威的 MFA 研究组织，该组织曾经将农业多功能性定义为"除了生产食品和纤维的基本功能，农业活动还能塑造风景，提供诸如土地保护、对可再生自然资源的可持续管理、生物多样性的保持等环境效益，并且有助于许多地区社会经济活力的保持。当除了生产食品和纤维的基本角色，农业还有一个或多个其他功能时，农业就可以被认为是多功能性的"（Maier et al.，2001）。简单来说，农业多功能性可以被定义为农业部门的商品（Commodity，简称 CO）和非商品（Non-commodity，简称 NCO）的联合生产。在这个定义中，MFA 的两个核心特征为：一是农业生产中商品与非商品的联合生产；二是非商品具有外部性或公共物品的特性（姬亚岚，2009）。

在农业城市主义的研究中，不仅仅需要指出城市中农业活动长期以来被人们忽视的多种功能，更重要的是指出这些功能之间的本质联系和产生原因。因此，可以认为，农业多功能性既是农业城市主义的目标，也是农业城市主义的分析工具。城市中农业的多种功能由联合生产产生，即农业对城市的整合机制；农业的公共物品特性使城市应该对这种活动提供公共政策的支持，即城市对农业的响应机制。

在 MFA 理论的支撑下，简单来说，农业城市主义的内涵包括两个方面：一是农业城市主义的目的——有意识地创造支持农业活动的城市空间，尽可能发挥城市中农业的多种功能以实现城市与农业的共生；二是农业城市主义的实现途径——农业与城市的相互作用机制，即农业对城市的整合机制和城市对农业的响应机制。

具体来说，可以这样描述农业城市主义的内涵：农业城市主义将农业视为城市必要的功能要素，并从农业活动全过程的视角组织相关的城市用地以及空间，形成与农业共生的新型城市。在农业与城市的相互作用中，力图最大程度发挥农业在城市背景中具有的经济、环境景观以及社会文化的多种功能。农业与城市的相互作用机制既包括农业对城市的整合机制，也包括城市对农业的响应机制。这两种机制共同促成了城市与农业的联合，包括空间联合——农业活动空间与城市空间的联合，以形成兼农的城市空间模式；技术联合——农业生产和回收技术与城市生态卫生技术的联合，以形成闭合的城市食物系统；行为联合——多元的农业活动主体的联合，以形成双向的多元参与机制。这其中，空间联合是主体，技术联合与行为联合是支撑（如图 4.1）。

同时，可以认为，农业的经济功能即生产性在很大程度上取决于空间联合及政府的供给，即城市中是否具有农业生产空间，这些空间是否得到城市公共政策的支持；农业的环境景观功能主要取决于技术联合以及企业供给，即城市农业的生产技术和回收技术与城市基础设施的联合；农业的社会文化功能则主要取决于行为联合以及社区供给，即包括生产者、消费

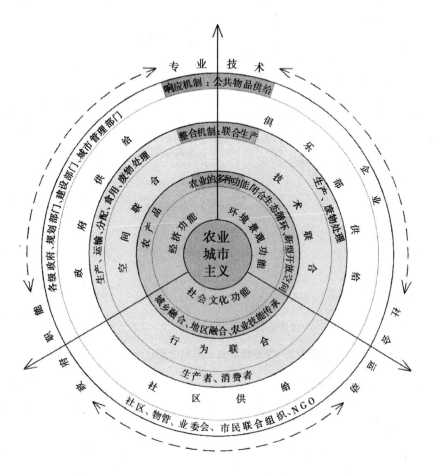

图4.1　农业城市主义思想内涵

者在内的多元主体的联合以及以社区为主体的供给模式。当然，这种分析是基于最可能和最有效的分类，在实际的城市农业活动中，农业的多种功能、联合生产方式以及供给方式是不能截然分开的，尤其在供给方式中，往往在同一空间的农业活动中涵盖了包括政府、社区、俱乐部在内的多种供给方式（如图4.2）。

第一节　城镇化深度发展阶段城市农业的多种功能

一　城镇化深度发展阶段

对于城镇化发展的阶段，美国地理学家诺瑟姆（Northam）提出的三

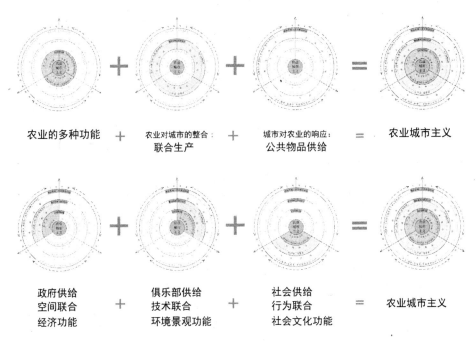

图4.2　农业城市主义思想内涵的分解

阶段"S"形曲线理论得到广泛的认同，即城镇化水平低于30%的起步发展阶段，城镇化率介于30%—70%之间的加速发展阶段，以及城镇化率大于70%的成熟稳定发展阶段（方创琳等，2008）。中国社会科学院所发布的《中国城市发展报告（2012）》指出，2011年，中国城镇人口达到6.91亿，城镇化率首次突破50%关口，达到了51.27%，并估计，到2020年前后中国城镇化率将超过60%（潘家华等，2012）。在城镇化的发展速度上，有研究认为我国的城镇化自1996年以来处于快速推进阶段，城镇化率年均增长1.39个百分点（李玉柱，2012）。蓝皮书则估计未来中国的城镇化将以每年0.8—1.0个百分点的速度快速推进。可以看到，中国的城镇化仍处于加速发展阶段，但加速度将有所降低。

　　社科院发布的《中国城市竞争力报告（2012）》指出，中国的城镇化存在土地过度城镇化、人口不完全城镇化的问题，10年间城市人口增长0.5倍，建成区面积增加了近1倍。常住人口城镇化率已超过50%，城市户籍人口仅仅达到33%（倪鹏飞等，2012）。这说明，中国的土地城镇化大大超前于人口城镇化，50%的城镇化率显然是中国城市发展的重要转折点。在城镇化加速度降低的背景下，城市有可能也必须放慢脚步，解决诸多"半城镇化""伪城镇化"问题。速度不再是城镇化的重点，城镇化质量的提升、城镇化深度的扩展已经成为共识。

城镇化转向深度发展对于农业进入城市是良好的契机。在这样的背景中，城市必然要走向更加多元包容、环境友好的方向，农业的有机循环会给城市发展提供新的灵感；与此同时，城市仅仅希望农业提供食品的时代也结束了，城市居民对农业也有新的需求和期望，这其中，就有对食物质量、收获乐趣的需求（Marsden et al.，1993）。除食品供应外，农业长期以来被忽视的多种功能尤其是环境景观功能和社会文化功能在城镇化深度发展的背景中将得到新的解读。实际上，欧盟对于农业多种功能的认识也是在面临新的消费倾向出现，土地利用中自然、文化、社会价值受到重视等一系列挑战的情况下开始的，农业空间已经不仅仅被认为是食品生产空间，而且是满足各种需求的消费空间（Durand et al.，2003）。

二　城市背景中农业的多种功能

在农业城市主义的研究中，识别农业的多种功能是判断城市如何在空间上满足这些功能的前提，因此，首先要对城市中农业多种功能的内涵进行界定。国外学者的研究，也通常将农业在城市背景中的多种功能作为农业城市主义的逻辑起点。

OECD将农业的多种功能归结为商品产出和非商品产出两大类，商品产出主要指市场化的产品，在农业城市主义的背景中，主要指农产品，它们具有市场价值，可以直接拿到市场上交换，这也是农业与城市中不具有经济产出的普通绿化的最基本区别。此外，农业的非商品内涵之广也大大超越了城市普通绿化，指那些不具有直接的市场价值的不能在市场上进行交换的农业活动效应，包括景观生态效应、社会文化价值等。农业的非商品产出具有外部性特征，包括正外部性与负外部性。目前人们对于城市中农业活动的不理解和不支持多源自对农业负外部性的排斥，如肥料、杀虫剂的使用等，但这些负外部性通常可以通过技术手段避免，如采用生态农业技术，这些技术已经使用在天空菜园系列项目（详见第八章）的实践中。截止到本书完成之时，在天空菜园系列项目的实践中并未出现难闻的肥料气味、屋顶渗漏、大规模病虫害等技术方面的负外部性。因此，本书的研究主要关注城市对农业正外部性的需求，下文中所提及的均是具有正外部性的非商品产出。各国学者在研究中普遍认为农业具有经济、环境、生态、社会、人文等方面的多项功能，这些看法大同小异，基本都处于经济、环境、社会三维度框架的范围之内（Ploeg et al.，2003；Dubbeling et al.，2010）。因此，本书结合 OECD 的分类方式以及三维度框架，认为城市农业具有经济、环境景观和社会文化三大功能（见表 4.1）（高宁等，2012）。

表 4.1　　　　　　　　　　　　　多功能农业内涵

产出分类	商品产出	非商品产出			
功能分类	经济功能	环境景观功能		社会文化功能	
		环境	景观	社会	文化
	农产品	减少碳排放 闭合生态循环 生物多样性	生产性景观存续 开放空间（娱乐、休闲）	粮食安全 食品安全 社会保障 生活方式 地区活力 社会融合	文化艺术传承 科研教育

（一）经济功能：就地生产性

与没有商品产出的城市普通绿化相比，具有生产性的农业活动的经济功能是显而易见的，尤其对于城市低收入人群来说。在 2011 年中国城镇家庭恩格尔系数①反弹达到 36.3% 且全球农产品价格进入上升通道的情况下，城市农业的经济功能则更为突出（如图 4.3）。《中国城市发展报告》指出，城市贫困问题日益突出，2010 年全国城镇居民家庭年总收入低于 2 万元的贫困人口近 3500 万人，低于 2.5 万元的低收入人口达 6500 多万人（潘家华等，2012）。在这些低收入人口中，恩格尔系数通常高达 50% 以上。尽管提高收入是解决城市贫困人口问题的根本途径，但低收入人口通常就业能力差，收入提升机会渺茫，加上一系列限制因素如通货膨胀、经济因素造成的就业机会减少、食物价格的飞速上涨等，使得低收入人口在短期内难以改变消费支出结构。

同时，《中国城市发展报告》指出，在今后 20 年内，中国仍将有 2 亿多农民需要转移到城镇就业和居住，再加上近年来已经进入城镇但还没有

---

①　恩格尔系数 = 食品支出总额/家庭或个人消费支出总额 ×100%。
根据联合国粮农组织的标准划分，恩格尔系数在 40%—49% 为小康，30%—39% 为富裕，30% 以下为最富裕。

完全城镇化的农民，未来全国城镇中将有4亿至5亿需要逐步城镇化的农民，再加上老龄化的现状，这些尚未融入城市保障体系的人口以及未富先老的城市人口将成为城市低收入人口的主要组成部分。而不管收入如何，食物的部分自给都是重要的生存策略，能给这些低收入家庭带来益处，减少人们对工业化市场的依赖，降低这些家庭的恩格尔系数，甚至成为新的收入来源。此外，与近年来城市周边兴起的各类"农庄"相比，城市农业具有在生活区域就地生产的无可比拟的区位优势。

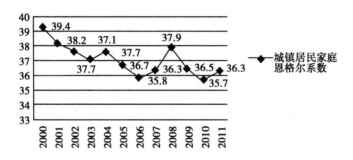

图4.3　城镇居民家庭恩格尔系数①

此外，城市农业本身的产出也是可观的，并非小打小闹。全世界的城市地区已经生产了自己消费的食品的1/3；联合国粮农组织估计，发展中国家的主要城市有2/3的居民至少自己生产一部分食品；联合国开发计划署估计，全世界有多达8亿的城市居民生产食品自己吃或者用于销售；伦敦利用10%的城市建筑之间的空地种出了其1000万居民所需食品的1/5；哈瓦那市区种植几乎全部品种的蔬菜，柏林市区已经有80000个小型农场；英国的配额地目前供不应求（马克·德·维利耶，2012）。据美国纽约城市农业机构的统计，2010年，纽约的67处总面积约为7000平方米的社区农园共生产了约4万公斤价值20万美元的农产品（Farming Concrete，2011）。

（二）环境功能：就地生产就地消费就地回收的闭合生态系统

在农业城市主义的语境中，可以认为，城市农业对于生态环境最大的贡献在于能够形成就地生产、就地消费、就地回收利用的闭合生态系统。一位美国作家在文章中写道："事实上，我们日常饮食所造成的温室气体排放是

①　图4.3数据来源：中华人民共和国国家统计局网站，http://www.stats.gov.cn/tjsj/。

开车出行的两倍。一项最新研究证实，每个美国家庭由饮食而产生的碳排放量年均为 8.1 吨，而驾驶一辆百公里耗油量为 9 升的车行驶 19000 公里（美国人的典型年均里程）的碳排放量约为 4.4 吨。"（Bijal，2008）城市农业对城市的垃圾和营养循环也有重要作用。城市实际上是有机垃圾富集的地方，大量厨房垃圾、绿化垃圾等有机废物都可以制成堆肥并重新用于耕种；农业活动能够间接改善城市的水管理，减少地表径流，利用处理后的废水进行灌溉。同时，城市中的农业活动有助于提高生物多样性，一些城市农业较发达国家在实践中发现城市蜂巢可以生产更多的蜂蜜。这是因为，与大面积产业化种植的农村地区相比，城市里通常会有更多种类的树和花（尼科·巴克等，2005）。农业对于建立闭合的城市生态系统、增加城市生物多样性有重要意义，这一点将在下文中进一步详细说明。

（三）景观功能：新型开放空间

在农业城市主义的研究中，城市中的农业景观通常被称为生产性景观（Productive Landscape）。不同于一般的城市景观，生产性景观是由农业环境与人类的劳作共同创造的，是一种文化景观，是人们利用土地进行农业活动而产生的景观类型。正如艾伦·卡尔松在《自然与景观》中所说："农业景观事实上具有异常显著的形式美与表现美。在许多农业景观中，景观的外观层面赋予那些令人印象深刻的形式美，而景观的其他层面如功能性、生产性与可持续性则赋予其表现美。"（2006）生产性景观可以说是以人及人的劳作为中心的景观，人类在土地上的生产性活动是完整的生产性景观的重要构成要素。城市中居民的农业活动则更多地出于休闲、教育等的需求，从这个角度来看，城市农业空间同时也是城市开放空间的一部分。与需要城市统一管理的普通城市绿化空间相比，通常由社区居民进行维护的城市农业空间可以在某种程度上反映社区居民的生活状态，成为地区活力的风向标。如管理良好的整洁的富有生机的城市农业空间反映了地区居民健康积极的生活态度、和谐的邻里关系和具有凝聚力的社区，而疏于管理的植栽，脏乱的菜地，难闻的气味则可以认为是地区活力不足、社区衰落的表现之一。

（四）社会功能：城乡融合、地区融合新思路

在社会功能方面，可以认为，城市农业具有保障粮食安全、监管食品安全、提供社会保障、影响生活方式、提升地区活力、促进社会融合等方面的社会功能。

（1）粮食安全、食品安全、社会保障

20 世纪 70 年代，受《增长的极限》和全球的环境保护运动浪潮影响，人们普遍关心全球层次的粮食安全或生产能力。20 世纪 90 年代以后，人们更加关心个人或家庭层次的食品安全。本书所指粮食安全是指国家层次上的，食品安全则是指家庭层次上的。由于食品是人类的生存底线，是最敏感的民生基本问题，所以食品价格上涨、食品短缺、食品安全出现问题所造成的影响会超过任何其他非生存性问题。普遍认为，中国不太可能出现粮食安全问题，但是，这是一种非常脆弱的"紧平衡"。从 1999 年开始我国的耕地不断减少，直至 2003 年达至巅峰，每年平均减少约 150 万公顷，直至 2005 年才渐趋缓；此外，由于养殖业的发展需求，饲料粮食约占粮食总产量的 37%，饲料粮食需求高于粮食预期增量，粮食部分自给率不足的形势已开始显现（林若琪等，2011）。此外，要应对潜在的粮食安全问题，不仅要保证当下粮食生产的能力，更要保持未来粮食生产的潜在能力，这就要求农业劳动力的可持续以及关键的生产要素如土地没有用来进行一些不可逆转的活动（如用于城市建设），这一观点已成为共识。而在我国目前快速城镇化的背景下，耕地迅速流转为建设用地，这恰恰是不可逆转的活动。尽管存在相应的占用耕地补偿制度，但"占补平衡"的结果往往是数字平衡，质量失衡；此外，占补平衡与城镇化在空间和人口转移方向上是背道而驰的——补偿的耕地远离城镇、农业劳动力涌入城镇，这就拉大了农业劳动人口和农业空间的距离，导致农地撂荒的概率进一步增加，更进一步，城市中既留不下也回不去的待城镇化人口也导致了农业劳动力的不可持续。因此，尽管乡村和农业地区承担着保证粮食安全的主要职责，城市内一定量农业活动空间的存在仍是保证未来的食品生产能力（地力、人力）的有益补充。

在粮食安全得到基本保证的前提下，人们通常会转而注意食品质量、食品安全问题。而我国近年来食品安全问题非常突出，各种食品安全公共事件频发。我国第一个民间有毒食品警告网站"掷出窗外"曾在 2012 年引起广泛关注[1]，其创办者将自己的食品安全调查报告取名为"易粪相食"——每种食品的生产者都清楚自己制造的是垃圾，但无法避免会去吃别人制造的垃圾。网站的创办者认为，无论愿意与否，在食品安全问题

---

① 掷出窗外网站：http://www.zccw.cc/。

中，没有人是一座孤岛，没有人能够独善其身，"还能吃什么"成为市民最常谈及的话题。除了食品监管体系存在的缺陷和漏洞外，从田间到餐桌的包括了种植、加工、储存、运输、销售等多重环节在内的长链销售模式使监管的落实更加困难。尽管有关方面一再加大食品监管力度，并出台了一系列重大政策措施，中国的食品安全形势依然不容乐观。而市民用脚投票的结果就是自行探索本地短链农产品供应模式，这也是我国城市农业近来备受关注的原因之一。城市居民对于与食品产地重新联系的兴趣和愿望越来越强烈，他们或者亲自种植食物，或者创造与食物种植者的直接联系（Sonnino，2009；Wiskerke，2009）。城市农业拉近了生产者与消费者之间的空间距离，使农产品的短链销售模式（如农夫市集）甚至消费者对生产者的直接监管（如参与式保障体系）或共同合作（如社区支持农业）成为可能。相对于长链销售模式，在这样的本地食物系统中，与农产品有关的各个环节更加透明，消费者直接参与到从田间到餐桌的所有环节中，是自下而上的食品监管体系，这对于国家层面的食品监管体系不失为一种有益的补充。

对于城市低收入人群，城市中的农业活动具有一定的社会保障作用。相比较住房、医疗和教育这三座城市贫民头上的"大山"，食物似乎显得无足轻重。然而与需要举全国之力才能搬除的"三座大山"相比，城市和规划者提供自给的食物系统和农业空间则相对容易，在恩格尔系数居高不下甚至反弹的背景下，这对城市低收入群体的生活改善也会有一定作用。其他发展中国家的实践表明，在内罗毕进行农业生产的家庭食物自给率为20%—25%；达累斯萨拉姆（坦桑尼亚首都）的居民表示，从事农业活动可以满足家庭20%—30%的食物所需；坎帕拉（乌干达首都）150名的城市农业生产者中，55%的人可以获得40%以上的家庭所需食物，32%的人可以获得60%以上（尼科·巴克等，2005）。

（2）生活方式、地区活力、社会融合

城市农业所附加的低碳、健康的生活方式贯穿在农产品从生产到废物回收的整个过程中。有机、生态的生产技术手段，缩短食物运输里程，减少碳排放，厨房垃圾分类，堆肥、厌氧池等废物回收手段，是城市农业与大田农业的显著不同之处。由于相关技术手段的成熟和民用化，城市农业有可能渗透到市民的日常生活中，这可以使低碳的生产方式转变为低碳的生活方式。

如前文所述，农业空间是城市开放空间的一部分，为社会交往提供了有益的互动空间，并能够作为地区活力的风向标。同时，有活力的开放空间所带来的场所精神有助于促进社会融合。在城—乡的关系层面，长期的城乡二元体制使"农民""务农"成为社会底层的代名词，城乡居民之间社会排斥问题严重。尽管户籍制度、社会保障制度、医疗制度等改革在一定程度上缓解了制度排斥问题，但心理排斥、文化排斥仍然存在。而要实现心理、文化的融合，则必须搭建允许市民、农民、外来务工者等多元主体共同参与和对话的活动平台，共同的活动可以在不同的群体间搭建交流的通道，产生互惠互利的关系，农业活动无疑是这种平台的选择之一。欧洲城市中常见的周末农夫集市，在供应本地优质农产品的同时，有助于建立城市居民和周围农民之间的联系，是城市中乡村和农业的窗口。

在城市社区的融合层面，目前的中国城市中，社会分层和居住隔离现象似乎已经成为不可逆转的趋势，随着城镇化所带来的外来人口的快速涌入，这种现象日趋明显。社区服务的缺乏以及社区人口的不稳定性导致社区精神的缺失，与之相对应的稳定的社会结构尚未形成，居住多年而不识左邻右舍的情况非常普遍。邻里间的守望互助成为罕见的美德，对于公共资源、公共空间使用不均等问题所引发的邻里龃龉却屡见不鲜。社会交往平台和交往空间的缺乏导致了归属感的丧失和社会隔离。在对这个问题的研究中，混合居住原本被认为是解决社会隔离的良药，但是在实践中可以发现，空间混合和社会融合并没有直接的因果关系。无论是安置房和商品房混合开发，还是不同类型的商品房产品混合开发，仅仅是物理居住空间的接近，不仅不能直接促进不同阶层居民之间的交往，反而在一定程度上有更大的可能引发不同阶层居民之间的矛盾，如前文所提到的为绿地使用权大打出手的广州两相邻小区业主。

显然，城市中社会问题的解决不能单纯依靠物理手段，或者说，城市社会学是一门"化学"学问而非"物理"学问。如果将社会融合比作一种化学反应的产物，社会交往空间、机会或平台应该是使这种反应能够发生的催化剂。混合居住仅仅是将反应物放置在一起——空间的临近，而要得到反应的产物——社会融合，必须加入催化剂。作为没有年龄门槛、没有学识门槛、没有身份门槛的活动，城市农业活动具有很大的包容性，在对人类基本生活需求的共同关注中，城市农业空间或可以成为新型的社会交往空间和交往平台，成为这种催化剂，这在许多国家的城市农业活动和社区复兴活动中已经得到证实。

（五）文化功能：农业文化传承

原欧盟委员会委员德洛尔曾经说过，"Agriculture that is more important than currency, because agriculture is 'culture'"（农业比金钱要重要，因为农业就是"文化"）。农业的英文是"Agriculture"，园艺是"Horticulture"，栽培学是"Arboriculture"，这些概念都基于文化"Culture"这一词根，可以说，"农"就是人类生存的根本（章俊华，2009）。人类学家张光直教授也有类似的观点：食物和吃法，是中国人的生活方式的核心之一，也是中国人精神气质的组成部分。中国人尤其注重饮食，而且饮食是许多社会互动的核心内容，或至少伴随或象征着这些社会互动（2003）。正因为如此，《舌尖上的中国》感动了无数中国人。中国大量的传统文化直接源于农耕文化，节令、祭祀乃至家族均与农耕文化有着或多或少的关联，以至于作为文化载体的文字，其最初的形态甲骨文中也能发现诸多与农业相关的造字意图。这些文化的传承依赖农业生产的延续，依赖与某种特定的农业生产方式相关联的生活方式的延续。

在农业的科技教育功能方面，钱学森曾在《第六次产业革命与农业科学技术》中论述："创建农业型的知识密集产业所引起的生产体系和经济结构的变革，将成为21世纪在社会主义中国出现的第六次产业革命。"（1985）农业活动与城市系统结合适用技术的探索和涌现会影响城市的生态环境、能量循环、社会交往等方方面面。此外，据统计，我国农业从业人员数量锐减，第一产业从业人员占社会从业人员比重已下降到38.1%，占乡村就业人员比重下降到63.4%，加之人口老龄化，农业生产后继乏人的格局正在加剧[①]。中国正上演着乡村版的"出埃及记"（Knickel et al.，2000）。然而，与最终回到"流着奶与蜜"的迦南圣地的古犹太人不同，由于既缺乏农业生产技能也缺乏城市生存技能，城市中大量的从土地逃离的农民及其家庭成员处于既留不下也回不去的尴尬境地，城市农业或许能够为这些人群创造新的就业机会和新的延续农业生产技能的希望。另一方面，城市居民，尤其是青年和儿童，缺乏农业与环境的相关基础知识。城市农业活动能够提供就近的基础农业技能和知识培训，在青少年中

---

① 李剑平：《中国青年报》，《两院院士：提防人口大国无人种地》，2012年3月19日11版。

传播农业生产的基本知识，可以为职业农民的培育创造可能。

第二节 农业对城市的整合机制：联合生产

在了解城市农业多种功能的基础上，指出这些功能之间的本质联系更为重要。城市对农业的期望，不仅仅包括农产品本身，还包括农产品的生产过程和附着于其上的各种外部效应，即农业商品和非商品的全部。实际上，大多数城市居民从事农业活动的主要目的之一是享受劳动过程，而并非仅仅收获食品。这些产出尤其是非商品产出对城市空间、城市管理均有一定的要求。也正是联合生产的过程影响了农业与城市的关系，构成了农业对城市的整合机制。

一 联合生产概念

联合生产原本是一个自然科学的概念，描述的是化学转化和分离分裂过程中的一种必然现象；在生产理论中，所有的生产都是联合生产，相同的生产投入条件下产出不同的多种产品，并且这些产品在技术上相互依赖；亚当·斯密（Adam Smith）在《国富论》中描述，由于联合生产的存在，单个产品价值的评价方法不再适用，此外，联合产品的相对价值可以随着条件的变化而变化（姬亚岚，2007）。农业联合生产特性指的是，农业非商品产出和商品生产是有机结合、不可分割的（顾晓君，2007）。

在农业城市主义语境中，农业与城市的联合生产是指：在城市中，农业活动区域与城市其他功能区域重叠交织，在为城市提供食物的同时，也有助于形成不同城市区域生活方式、保持景观特色、促进社会融合。即城市中的农业在生产农产品本身的同时，也具有环境景观、社会文化等方面的非商品产出功能，这些非商品产出功能的多少和大小与农业活动所在的城市区域密切相关。联合生产说明了城市农业具有多种功能的深层次原因，而要在获得商品产出的同时获得尽可能多的非商品产出，就必须考虑农业活动与不同城市功能区域的关系，这也是农业对城市的整合机制所要考察的内容。

二 联合生产方式

在农业城市主义的研究中，重要的是讨论如何利用农业的联合生产特性将农业活动与城市系统进行联合。由于农业活动是商品和非商品的联合生产过程，这一过程在不同的城市区位和城市空间中，需要采用不同的农业生产技术和组织模式，因此农业的商品和非商品产出在很多情况下都与特定的地点、与之对应的人群和特定的技术相关。例如，在校园中进行农业活动，其非商品产出主要是文化传承及科研教育。在多功能农业理论中，联合生产一般被分为物理联合、技术联合、行为联合。由于空间联合是物理联合的一种，因此，在农业城市主义的研究中，联合生产分为空间联合、技术联合和行为联合。

农业与城市的空间联合形成兼农的城市空间模式，农业与城市的技术联合形成闭合的城市食物系统，农业与城市的行为联合形成双向的多元参与机制。在实际的城市农业活动中，这三种联合相互影响、相互作用，并不能机械割裂开。这其中，空间联合是主体，技术联合是空间联合、行为联合的技术支撑，空间联合是技术联合、行为联合的空间表达，行为联合是技术联合和空间联合的运行机制。

（一）空间联合：兼农的城市空间模式

物理联合指投入和产出之间的转换关系是物理过程，投入与投入之间、产出与产出之间的关系也是物理过程；物理联合不具备内在刚性，联合的强度或牢固程度较低；对于资源或要素的使用，物理联合都是资源竞争性的（姬亚岚，2007）。在城市规划的领域中，最为典型的物理联合是空间的联合，即农业活动空间与其他城市空间的联合，在下文中将使用空间联合替代物理联合。在农业城市主义的研究中，空间联合是指将农业的生产、运输、分配、食用和回收空间整合到城市现存的空间肌理中，以形成与农业联合的城市空间，即兼农的城市空间（如图4.4）。

农业城市主义并不是不加选择地利用一切城市空间进行农业生产的极端主义，也不是脱离现代城市发展现状的理想主义，而是基于城市现存肌理、强调对土地最小干扰、实现最大的社会经济环境效益的规划思想。因此，为构建兼农的城市空间模式，首先需要从农业角度出发，明确城市农业空间系统的组成以及在城市中的空间表现；在农业的五类活动空间中，生产空间直接关系到城市土地、空间利用方式，因此需要对农业生产空间与城市的用地、空间的联合进行进一步分析（详见第五章）；从城市角度出发，根据城市空间结构特点，确定在城市不同区位农业活动特点，形成兼农的城市空间模式（详见第六章）。需要说明的是，由于生产空间在城

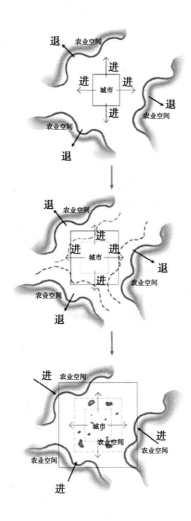

图 4.4　从"城进农退"到"城农联合"

市农业空间系统中处于主导地位，也是我国推行城市农业的第一步，而其他空间多可利用原有的城市空间，因此，下文的分析，均重在农业生产空间，同时为保持研究的完整性，将其他空间视为支撑性空间，并不详细展开。同时，本书不涉及私人空间的使用，如阳台、私人庭院等。

在城市的背景中，农业生产、运输、分配、食用、回收的过程即农产品从农田到餐桌再回到农田的过程，与城市空间有着密切的关系。在这一条农业产业链中，涉及农产品的生产空间、运输空间、分配空间、食用空间、回收空间。这些空间在城市的不同区位有着不同的内容和特点（见表 4.2）。

表 4.2　　　　　　　　　　　城市农业活动的空间需求

生产	运输	分配	食用	回收
绿地 广场 建筑 闲置地/荒地	城市道路系统	超市 农贸市场 小菜店 蔬菜配送点 农夫集市	餐馆 食堂 咖啡厅 户外餐饮点	垃圾回收点 堆肥设施 污水处理设施 能源设施

1. 生产空间

生产空间是城市农业空间系统中最重要的一环，是闭合食物系统的起点和终点；其他城市农业空间通常与生产空间整合在一起；生产空间的规模和形式决定了其他空间的规模和形式；国外规划建设领域的城市农业研究也多关注农业生产空间；且在中国的城市农业自发实践中，农业生产空间也是最容易引发用地权属争议的空间，因此农业生产空间在城市中出现的位置和形式应该是研究的重点。除农地外，城市范围内环境安全的城市绿地、广场、建筑、闲置地/荒地均可作为农业生产空间，这将在下一章中详细说明。

2. 运输空间

指城市道路系统，在农业城市主义视角中的运输空间主要关注农业生产空间的就近可达性，强调食物的就近获得和短距离运输。因此在城市农业生产空间周边的非机动车及步行道路系统更受关注，结合生产空间可以建设非机动车租赁、行驶、停放空间。在国外的研究实践中，也存在利用低等级道路进行生产的案例，并且可以整合小型的食物处理空间和储存空间，处理过程中的有机垃圾进入废物回收空间。

3. 分配空间

包括各种规模的超市、农贸市场、社区菜店、蔬菜配送点/箱、露天农夫集市等，支持新型的短链分配模式（如图 4.5）。小规模的分配空间可与生产空间整合，如蔬菜配送点/箱；或与城市公共空间整合，如露天农夫集市。分配过程中的有机垃圾进入废物回收空间。

4. 食用空间

包括餐馆、社区食堂、咖啡厅、户外餐饮点等，通常与城市社区或城市商业区已有设施整合，重在建立直接的销售和食用渠道，减少食物运输和加工程序。食用空间也可与生产空间整合，如目前已有餐厅将食材种植考虑到室内设计中。食用过程中的有机垃圾进入废物回收空间。

图4.5　左上、左下：笔者所住小区楼下小菜店
中上、中下、右上、右下：比利时的周末农夫集市

5. 回收空间

　　包括城市空间中的各类垃圾分类回收点、能源设施、污水处理设施和堆肥设施，通常与城市卫生设施整合。该空间重在以分散的城市卫生设施补充城市集中卫生设施处理能力的不足，它以社区为单位设置有机废物收集点或者处理点；设计并使用各种规模的堆肥设施，以处理有机废物；将有机废物堆肥所得的肥料返回农业生产，闭合食物循环系统。

　　（二）技术联合：闭合的城市食物系统

　　技术联合是指由投入与产出之间的内在技术关系所决定的联合，这种联合由于通常存在生物化学过程，因此具有内在刚性，联合的强度与牢固度最大，要打破这种联合几乎是不可能的（姬亚岚，2007）。技术联合虽然不能打破，但其作用形式可以改变，如农业科技的进步可以改变农业生产方式使之适应城市的环境。在农业城市主义的研究中，技术联合即将农业的生产和回收过程整合到城市的生态卫生基础设施结构中，并形成闭合的城市食物系统。具体来说，即利用农业的生产和回收过程，将城市线性的营养、水和能源流动转变为闭合的营养循环、水循环和能源循环，这在本书第七章将进行详细分析。

　　从农业和食物生产的角度来看，在工业革命开始前，城市的规模较小，城市基本可以依靠周边乡村自给自足，城市中也仍有农业活动的存在，城市和周围的农村之间存在稳定的有机物质循环。工业革命开始后，在以效率为诉求的城市中，传统低效的农业自然逐渐消失，农业文明逐渐式微。在城镇化加速发展阶段，城市周边农田被迅速转化为城市建设用地，城市食物生态足迹变得越来越大，城市切断了与乡村之间的有机循环，转为依赖线性的食物供给方式。但是，这样的线性系统由于高昂的农产品中间成本和运输所带来的碳排放而不断受到诟病。经计算，伦敦的生态足迹覆盖面积约5000万英亩（约20万平方公里），约是该市本身规模的125倍（蒂莫西·比特利，2011）。伦敦大学的学者认为，如果英国人把所消费食物的产地限制在离家半径20公里的范围内，英国每年可以节省21亿英镑（卡罗·佩特里尼，2010）。欧美学者和民众普遍认为本地食物系统是工业化食物系统的有益补充，并能够有效缓解食品危机和食品安全问题，还为此开展了一系列慢食运动、本地食物运动、本地购买运动等。在我国，尽管在城市领域对于食物和农业的研究尚不多见，但是从城市食品价格的波动中可以看到这个问题正在逐渐显现。在工业化的食物系统中，蔬菜从农民的"菜园子"到市民的"菜篮子"，一般要经过"菜农—小贩—产地批发商—长途运输户—销地批发商—小贩—市民"这样一个长长的链条，每个中间环节至少加价5%，尤其是"最后一公里"，有时菜价会上涨一倍（孙曙峦，2012）。近年来国内出现的"蒜你狠""火箭蛋"、白菜比猪肉贵等现象，很大部分原因源自中间环节的加价（如图4.6）。目前，越来越多的中国学者开始呼吁建立本地食物系统，缩短食物轨迹，将线性的食物系统转变为闭合的本地食物系统。

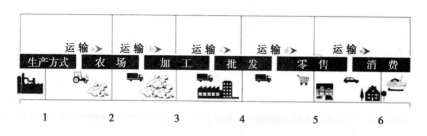

图4.6　食物系统示意图

资料来源：Jansma et al.，2012。

从城市的角度来看，城市几乎不再具备生态生产的功能，其所排放的垃圾却呈指数增长。改变消费模式、建立闭合城市循环系统的呼声越来越强烈。理查德·罗杰斯（Richard Rogers）爵士在他的《小小地球上的城市》一书中，认为我们城市中现有的直线形的排污和资源使用方法需要转变为一个强调循环的系统，他认为我们需要的是"一个新兴的综合整体的城市规划"（2004）。在循环城市的思想中，人们越来越关注闭合城市生产和消费过程的两端，即闭合输入（如能源和食物）和输出（如水和碳的排放），以使生态循环保持平衡。现有的城市消费模式"资源（生产）—产品（服务）—污染排放（干扰）"线性单向流动的物质循环模式需要调整为"资源（生产）—产品（服务）——再利用（低干扰）"的反馈式闭合型的物质循环模式（李志刚等，2003）。在自然生态循环系统中，"循环"意味着一个系统的产出是另一个系统的输入，一个系统的垃圾废弃物是另一个系统的生产资源，或者成为其他生态过程的"食物"。而"天生"就是闭合循环系统的农业显然应该是城市循环系统中不可缺少的组成部分，这一古老的智慧今天仍然可以使城市受益。在任何时候，食物的输入都是城市赖以生存的基础。此外，随着城市规模的扩大，城市垃圾的排放量也在增加，据统计，城市垃圾中有60%—70%是有机质（张田，2011）。在农业城市主义的视角下，这些垃圾可以成为城市的二次输入，对有机废物进行处理，在建立闭合的本地食物系统的过程中整合营养循环、水循环和能源循环系统。闭合的城市食物系统应该作为城市生态基础设施的关键组成部分（如图4.7）。

当然，在现今开放的世界中，任何完全的闭合系统都是不可能存在的，因此，闭合的本地食物系统应该理解为可持续的本地食物生产、回收系统，它以不同规模和形式的城市食物生产作为对线性的工业食物系统的有益补充，并以此整合城市营养循环、水循环和能源循环。当然，在研究本地食物系统和生态足迹的时候，实际上必须立足区域的层面，考察城市与其资源供给地区（腹地、内地甚至国外）之间的内在相互关系。由于资源供给地区既是地区性的也是全球性的，因此在区域的层面上这些关系将相当复杂，需要大数据的支持，这些内容非笔者目前的研究所能涵盖，且本书设定的研究范围为城市建成区，因此，本书旨在建立城市内部的小尺度的食物循环系统。在价值观一章中，笔者提出，在农业城市主义的背景中，应尊重市民的原创精神和参与热情，鼓励市民以分散微行动的方式参与到城市建设中来。同时，小尺度的循环系统可以更容易地整合和实施于现存的城市中，成为城市空间、城市基础设施的组成部分。这些小的闭合食物系统能够快速交换物质流和经验，并且可以互相补充和支撑，为城市大的、区域性的闭合食物系统增加活力。可以通过将这些分散的系统整

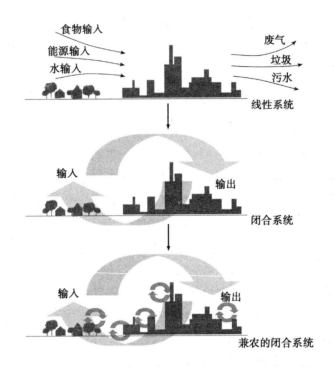

图 4.7　从线性系统到闭合循环系统再到分散的兼农闭合循环系统

合在城市的闲置空间或消极空间（如屋顶）中以减少投资，增加实施的可能性。这些分散的卫生设施和利用方式可以成为城市环境卫生系统的另一种选择或有益补充。

（三）行为联合：双向的多元参与机制

行为联合指在一定的行为假定条件下的联合，如追求利润最大化的联合或追求社会收益最大化的联合（姬亚岚，2007）。在农业城市主义的研究中，行为联合应该追求社会收益最大化，即多元行为主体的联合。这种联合具有很大的主观性和随意性，很容易被改变或被影响，联合的强度最低；但也最易受到政策或制度的引导，向社会收益最大化的组合方式演化。行为联合同样受空间影响，不同的空间会吸引不同的行为参与主体。在农业城市主义研究中，行为联合指将农业生产、加工、运输、分配、使用和回收中所涉及的行为主体包括政府、社区、企业、个人等整合到统一的平台中，形成上下联动的双向的多元参与机制。

联合生产同时伴有联合消费，联合消费指的是公共物品被多个消费者同时使用。如前文所述，城市农业具有公共物品的特性，因此，城市作为公共物品的主要提供者，需要对农业活动进行响应，其目的是寻找最佳的农业公共物品的供给方式，而这种供给方式就是社会收益最大化的行为联合，即多元的参与机制。而同时由于不同参与主体对农业公共物品供给具有不同程度的话语权，因此这种参与机制必然是双向的。城市针对农业的公共物品特性所进行的政策或制度引导引发了农业活动中多元主体的行为联合，并最终形成双向的多元参与机制。在逻辑上，既存在多元主体参与城市农业、最终触发城市对农业的响应这一可能，也存在城市率先对农业响应并促成多元主体参与这一可能，因此关于这一部分内容必须结合下文城市对农业的响应机制分析进行理解。

第三节　城市对农业的响应机制：公共物品供给

在考察了城市农业对城市的整合机制以及联合生产问题后，接下来需要进行反向讨论——讨论城市对农业活动的政策响应机制即公共物品供给问题。联合生产重在分析城市中农业活动的各个过程与城市各系统的关系，公共物品则将分析重点放在城市对农业活动需求的回应方面。在世界各国的城市农业实践中，尽管城市农业的产生背景和空间形式各有不同，但其"自发产生—政府响应—上下联动"的发展历程基本一致。对农业非商品产出公共物品特性的探讨即是对城市对农业活动响应机制的探讨。

城市规划本质上是一种公共政策，提供公共物品是城市的基本职能，城市通过对公共物品的供给引导城市功能要素的地域分布格局。城市公共物品既包括可见的实物形态的道路、公园、医院、图书馆等公共设施，也包括城市政策、法规、福利等非实物形态的物品；对于现代城市来说，城市公共物品是影响城市空间形态最为重要的要素；在城市的形成发展过程中，城市公共物品一直都在起着先导的作用（王安栋，2004）。将城市农业视为公共物品有助于提升城市农业地位，并唤起相关部门对提供这种公共物品的重视和热情。

一　公共物品概念

公共物品是指既无排他性又无竞争性的物品。经济学家通常认为公共物品与外部性相关，应该由政府提供或者有政府干预。在公共物品的诸多概念和理解中，兰德尔（Randall）利用排他性（Excludability）程度与竞争性（Rivalry）程度对公共物品与私人物品进行分类，这是目前接受度较高的分析方法：排他性是指，当一个人可以阻止他人享用某一物品时，该物品在消费上是排他的，相反地，非排他性是指，一个物品在物质形态上或制度上不可能或只能以非常高的代价（以至于这种情况不乏发生）排除其他人的消费；竞争性是指，一个人对某一物品的消费使其他人不可能消费该物品，相反地，非竞争性是指，一个人对某物品的消费不会导致其他人无法消费同样单位的该物品，即随着消费的增加，边际成本并不增加（见表4.3）（姬亚岚，2007）。

根据这一分类，结合本书分析的需要和城市背景，可以将公共物品分为三类：纯公共物品、公共所有资源和俱乐部产品。其中纯公共物品主要指城市农业政策；公共所有资源主要指有明确权属的空间，如社区绿地等；俱乐部产品指以会员制组织的各类团体，如CSA（消费者支持农业，详见第七章）。与纯公共物品相对，公共所有资源和俱乐部产品都属于准公共物品。

表4.3　　　　　　　　　　　　公共物品分类表

		高←非竞争性程度→低		
高↑非排他性程度↓低		非竞争性	部分竞争性、拥挤性	完全竞争性
	非排他性	纯公共物品（政策）	准公共物品（公共所有资源），如城市公园	准公共物品（公共所有资源），如城市道路
	部分排他性/非排他性，仅一部分人有权受益		准公共物品（公共所有资源），如单位、学校附属绿地、小区公园	
	完全排他性		准公共物品（俱乐部物品），如CSA（消费者支持农业）	纯私人物品

资料来源：修改自姬亚岚，2007。

二　农业公共物品内涵

如前文所述，农业生产具有外部性。由于污染、噪音等负外部性可以通过技术手段避免或减弱，因此本书主要关注农业的正外部性。这些具有正外部性的非商品产出，如环境效益、社会融合、地区活力等不经过市场体系便可以直接显现效用，并作用于某些行为主体之间，即存在市场失灵现象，因此农业具有公共物品特性。在城市规划领域，如果想要有效地获得这些公共物品，需要通过制定相应的政策、确定不同的供给主体进行有效供给。

城市中人们对于农业活动的需求实际上是对农产品本身和具有正外部性的公共物品如社区交往的需求。人们对农产品的需求是自然的，生物性的，普遍的，而对农业公共物品的需求则具有社会性，差异性并与经济发展水平、价值观导向等有关。随着人们收入的提高，与传统农业的经济产出功能相比，农业的其他功能越来越受到重视并得到新的解读。通常情况下，随着地区城镇化水平的提高，人们对农业其他功能的期待也会相应提高。所以在当前城市农业的实践中，当代发达国家城市农业的兴起多出于对农业非商品功能的关注，而在发展中国家则多出于对农业的商品功能即农产品产出的关注。在我国城镇化深度发展阶段的背景下，这两种情况同时存在。因此，将农业视为公共物品并进行有效供给就更为必要。

需要指出的是，尽管人们对于农业的商品需求是普遍的，但对农业的非商品需求是有差异化的，通常这种需求与区位和与之对应的人群相关，因此，不应该不加分析地将农业在所有类型的城市用地和城市空间中泛化。例如尽管待复兴的工业用地可以用于农业活动，在国外的实践中也出现了这样的案例，但如果该用地已被污染，则显然不适用于农业活动。在不同的城市区域，人们对农业的非商品需求也有很大差异：在校园中农业活动的教育功能更为突出，在社区中农业活动的社会融合功能值得探讨；城市中等收入人群关注食品安全和与农业活动相关的健康生活方式，城市弱势群体则更关注廉价食物的可达性。这些产出尤其是非商品产出对城市空间、城市管理均有一定的要求。讨论农业公共物品特性的目的在于确定最佳的供给方式，即城市对农业活动的最佳响应机制。

三　农业公共物品供给方式

(一) 纯公共物品—城市农业政策：政府供给

纯公共物品需要具有完全的非排他性与非竞争性。多数有形的物品都很难满足这一标准，而政策、制度等此类非实物的物品可以满足这一标准，如国防、法律等。很显然，纯公共物品由于具有完全的非排他性，"搭便车"问题就无法通过自由市场解决，因此，政府应该供给纯公共物品。

在农业城市主义的领域，城市农业政策被视为纯公共物品。对于这一类公共物品，显然，包括政府以及城市规划部门、城市建设部门和其他城市管理相关部门在内的城市行政部门是最有效的供给方。这一类公共物品是城市农业能否顺利合法开展的政策保障，也是目前我国城市农业实践过程中最为缺乏认知的，对这类公共物品供给的忽视将导致自发的城市农业实践长期处于灰色地带。缺乏来自政府公信部门的认可和引导，将会影响公众对于这一活动和行为的认知及认可。在城市规划的领域，对城市农业合法地位的承认是目前最急需的农业公共物品供给，解决这一问题需要将城市农业纳入法定规划，关于这一点将在第五章的第一小节中进行讨论。

（二）公共所有资源—城市农业空间：社区供给

城市中常见的多数有形的非私人物品多为准公共物品，介于纯公共物品与纯私人物品之间，非排他性与非竞争性程度越高，越倾向于纯公共物品，反之则倾向于纯私人物品。公共所有资源是其中主要的一种类型，具有不同程度的非排他性和非竞争性。

在农业城市主义背景中，多数城市农业空间尤其是城市农业生产空间都属于公共所有资源。这类公共所有资源一般都属于一定的社会共同体，在城市中最为典型的共同体即为社区，社区绿地即为典型的公共所有资源，这类公共物品一般都是非营利性的。需要说明的是，本书中的社区是指包括居住社区、单位、学校等在内的社会关系共同体。对于这类公共物品，社区供给最为有效，有利于管理和使用规则的制定。因此，在下文兼农的城市空间模式的研究中，也将社区作为基本的研究尺度。

对共同体成员开放的公共所有资源具有竞争性，也就是对这种资源的过度利用有可能造成"公地悲剧"，因此，需要以相应的规则来规范共同体成员的行为，以便达到最佳的供给效果和使用效果。在城市农业发展中，各类社区中的农业活动都会产生作为公共所有资源的产品。作为直接管理者的社区应该制定针对农业活动的行为规则和土地使用规则来规范使用者的农业活动行为，以确保农业活动对共同体所有成员都具有可达性和公平性。在我国自发的城市农业实践中可以看到，就近生产的需求使社区成为城市农业最主要的空间，而由于竞争性的问题，往往引发居民之间的矛盾，因此，必须重视制定社区农业公共物品的供给规则，社区应该基于城市农业政策和规范探索合理的供给方式和使用规则。

（三）俱乐部物品—城市农业支撑系统：企业/俱乐部供给

俱乐部物品是指受益人相对固定、通过俱乐部形式组建起来的利益共同体所提供的准公共物品。俱乐部物品具有完全排他性与部分拥挤性，因此，只有俱乐部成员能够受益。但是，由于单个成员对俱乐部物品的使用并不会减少其他成员的受益，因此，通过调整资源规模与俱乐部成员数量的组合关系，可以达到最佳供给。城市中的会所、游泳池、电影院等都是典型的俱乐部物品。这类公共物品一般是营利性质的。由于排他性所引发的市场失灵，可以通过俱乐部规则加以克服。

在农业城市主义的背景中，农业与城市联合所涉及的支撑系统，包括技术的支撑和行为的支撑，大多来自于俱乐部供给。技术的支撑即城市的生态卫生设施，尽管这些设施并不是典型的俱乐部物品，但为本书行文结构的清晰，仍将由企业所提供的各类生态卫生设施归入俱乐部物品。行为的支撑即城市农业活动的组织形式，包括经济协作组织、市民农业合作组织、民间社团等这些通过俱乐部形式组织起来的团体。目前我国城市农业活动中出现的 CSA 模式（消费者支持农业，详见第七章）——农产品消费者直接向农产品生产者订购份额蔬菜的组织模式，即为典型的俱乐部形式。由于这类供给方式一般是营利性质的，通常企业是俱乐部产品的创建者和直接管理者，相比开放性公共资源和公共所有资源，受到市场引导的俱乐部产品的供给更为快速、便捷和灵活。此外，尽管公共物品的供给通常需要政府介入，但并不意味着政府需要直接生产所有的公共物品。因此，在城市农业的推行过程中，应制定鼓励性城市政策，激发企业和组织提供城市农业俱乐部产品的热情。

第四节　本章小结

本章运用农业社会学相关原理阐释了农业城市主义的思想内涵，进一步说明了农业城市主义"是什么"。笔者利用农业社会学中农业的多功能性原理，指出农业在我国城镇化深度发展阶段背景中具有的多种功能，更重要的是指出这些功能产生的原因即城市与农业相互作用的机制。在城市规划领域中，这种机制既包括农业对城市的整合机制，也包括城市对农业的响应机制。为此，笔者引入农业多功能性原理中的两个核心特征——联合生产和公共物品特性，分别解释农业对城市的整合机制和城市对农业的响应机制。

第一节进一步详细说明了农业在城镇化深度发展阶段背景下的多种功能，以及与农业联合后的城市具有的新的可能。第二节利用联合生产原理解释农业对城市的整合机制，包括空间联合——农业空间与城市空间的联合，技术联合——农业生产回收技术与分散式城市生态卫生技术的联合，以及行为联合——自上而下的政府职能式多元参与机制与自下而上的社会运动式多元参与机制的联合。在城市规划的领域中，空间联合是主体，技术联合与行为联合是空间联合的支撑系统。第三节利用公共物品供给原理分析在城市对农业的响应过程中，在将农业视为公共物品的前提下，针对不同性质的农业公共物品，怎样的供给方式和供给主体最为合理。其中政府主要参与城市农业公共政策层面的供给，城市社区主要参与城市农业空间层面的供给，企业/俱乐部主要为城市农业提供各种技术支持和运作机制（见表4.4）。

表4.4　　　　　　　　　农业城市主义思想内涵总结

农业在城镇化深度发展阶段背景中的多种功能					
农业的多种功能	经济功能	农产品			
	环境功能	减少碳排放、闭合生态循环、生物多样性			
	景观功能	生产性景观存续、开放空间（娱乐、休闲）			
	社会功能	粮食安全、食品安全、社会保障、生活方式、地区活力、社会融合			
	文化功能	文化艺术传承、科研教育			
农业对城市的整合机制					
		生产	运输	分配	食用	回收
农业对城市的整合：联合生产	空间联合：兼农的城市空间模式	绿地 广场 建筑 闲置地/荒地	城市道路系统	超市 农贸市场 小菜店 蔬菜配送点 农夫集市	餐馆 食堂 咖啡厅 户外餐饮点	垃圾回收点 堆肥设施 污水处理设施 能源设施
	技术联合：闭合的城市食物系统	温室种植技术 屋顶种植技术 水培种植技术 容器种植技术				有机垃圾回收 分散式生态卫生系统
	行为联合：双向的多元参与机制	政府、社区、企业/俱乐部、个人				
城市对农业的响应：公共物品供给	公共物品供给	政府供给（各级政府、规划部门、建设部门、城市管理部门） 社区供给（社区、物管、业委会、市民联合组织、NGO） 俱乐部供给（企业/俱乐部）				

联合生产和公共物品供给原理解释了城市与农业的相互作用机制，它们的具体内容则构成了农业城市主义的方法论。下面的章节将分别从空间

联合、技术联合和行为联合三个方面具体对农业城市主义的方法论进行分析。需要说明的是，在行为联合与公共物品供给之间存在无法割裂的关系，既存在公共物品供给引发行为联合的逻辑，也存在行为联合促进公共物品供给的联系，因此，为保持行文的顺畅，下文将把公共物品供给的相关内容融入行为联合的章节中。

第五章

空间联合之一：
城市中的农业生产空间

　　前文已对农业城市主义体系中的价值观和思想内涵进行了探讨，接下来的两章将对农业城市主义的空间模式展开分析。如前所述，在城市农业的五类活动空间中，生产空间是城市农业空间系统中最重要的一环，它直接关系到城市土地、空间利用方式，也是在中国的城市农业自发实践中最具有争议的空间，因此，对城市农业生产空间的认知和获取是研究的重点。笔者对空间联合的分析将分为两章，本章重在分析农业生产空间与城市的联合（见表 5.1），而包括运输、分配、使用、回收等在内的农业系统空间与城市的联合分析将在下章展开。本章首先从城市法定规划层面明确城市农业生产在城市规划中的用地诉求，并尝试提出相应的定量参考指标；接下来从城市设计层面对农业生产与城市各个层次空间联合的可行性进行分析，作为下一章构建兼农的城市空间模式的基础。

表 5.1　　　　　　　　　　　　　　本章分析内容

农业在城镇化深度发展阶段背景中的多种功能		
农业的多种功能	经济功能	农产品
	环境功能	减少碳排放、闭合生态循环、生物多样性
	景观功能	生产性景观存续、开放空间（娱乐、休闲）
	社会功能	粮食安全、食品安全、社会保障、生活方式、地区活力、社会融合
	文化功能	文化艺术传承、科研教育

续表

农业在城镇化深度发展阶段背景中的多种功能						
农业对城市的整合机制						
		生产	运输	分配	食用	回收
农业对城市的整合：联合生产	空间联合：兼农的城市空间模式	绿地 广场 建筑 闲置地/荒地	城市道路系统	农贸市场 小菜店 蔬菜配送点 农夫集市	餐馆 食堂 咖啡厅 餐饮点	垃圾回收点 堆肥设施 污水处理设施 能源设施
	技术联合：闭合的城市食物系统	温室种植技术 屋顶种植技术 水培种植技术 容器种植技术				有机垃圾回收 分散式生态卫生系统
	行为联合：双向的多元参与机制	政府、社区、企业/俱乐部、个人				
城市对农业的响应机制						
城市对农业的响应：公共物品供给	公共物品供给	政府供给（各级政府、规划部门、建设部门、城市管理部门） 社区供给（社区、物管、业委会、市民联合组织、NGO） 俱乐部供给（企业/俱乐部）				

第一节　城市规划中的农业生产空间

目前国内已有的研究大多致力于探讨城市空间与农业活动的关系问题，对农业活动与城市用地尤其是城市建设用地的关系尚未进行深入分析和研究，或仅提出呼吁和倡导。而对城市建设用地与农业活动关系的研究是探讨城市空间与农业活动关系的制度前提。在实践中，近年来我国城市中自发出现的各类农业活动一直处于备受争议的灰色地带，也部分缘于对城市建设用地与农业活动关系问题认知的缺乏和忽视。因此，探讨城市建设用地与农业活动的关系具有理论及实践的双重意义。

为将城市农业落实于中国的城市中，目前最急迫的问题在于确定农业在城市规划建设中的合法地位。这将不可避免地涉及城市用地分类及特点，不同的用地分类直接关系到城市用地权属，这是涉及城市农业实施及管理主体的重要问题，因此需要对城市农业与城市用地之间的关系进行分析。在明确了城市建设用地与农业活动的关系后，探讨城市空间与农业活动的关系并建立与农业联合的城市空间模式也就是顺理成章的了。同时，

城市空间与农业活动关系的研究也可以反向修正城市建设用地与农业活动
关系的研究成果。

一　在城市建设用地范围内考察农业生产

在《城市用地分类与规划建设用地标准（GB50137—2011）》中，
将花木种植、养殖场等具有农业生产性质的用地，归入"农林用地
（E2）"中的园地、林地和设施农用地；基于与《土地利用现状分类
（GB/T21010—2007）》相衔接的要求，"生产绿地"归入非建设用地的
"农林用地（E2）"；同时"农林用地（E2）"不包括从属于公园、居住
小区、工厂等各类用地范围内的水面、林地等（王凯等，2012）。但
是，从农业的多功能属性考察，城市农业不仅具有生产功能，更具有环
境景观和社会文化功能，不同于生产绿地单纯以生产为目的，不能简单
地归入非建设用地中的"农林用地（E2）"；从联合生产的角度考察，
城市农业与城市居民的关系极为密切，并强调就地生产，且多利用从属
于小区等各类用地范围内的空间进行生产，也不应归入"农林用地
（E2）"；此外，从公共物品供给的角度考察，为提高城市农业活动参与
主体的供给积极性，应该对城市农业提供奖励政策，如绿地率的奖励，
而"农林用地（E2）"并不计入城市建设用地平衡和指标体系中，故难
以制定合适的奖励政策。因此，可以看出，城市农业活动不应在"农林
用地（E2）"的范围内考察，而应纳入"城市建设用地（H11）"的范
围内进行研究。

实际上，已有城市对现有的城市规划法规进行调整，以便将农业引
入城市空间。美国的芝加哥和明尼阿波利斯市在2011年相继对区划代
码（Zoning Code）进行了修改，修改后的区划中，城市农业作为一种用
地类型存在。明尼阿波利斯市的修改版本将社区农园、商业农园、城市
农场和沼气池加入了区划代码中，容许和鼓励在城市商业用地、工业用
地、居住用地，或者建筑（如屋顶温室）进行农业生产，并放松了对在
居住区内的商业化农业生产以及复合养殖的限制（见表5.2）（City of
Chicago，2011；City of Minneapolis，2011；Viljoen et al.，2012）。在管
理城市土地利用和城市建设的具有法律地位的区划法中将城市农业作为
一种用地类型，说明美国规划界已经充分认可了城市农业的重要地位，
并接纳了农业这个陌生人，这对于城市农业的发展是里程碑式的转折。

表5.2　明尼阿波利斯市针对城市农业的城市区划修改建议和实施对策

明尼阿波利斯市的建议	交叉引用的建议、政策和目标		
	综合规划政策	相关规划目标	相关主要建议
当决定市属以及私人土地的最佳用途时，当规划对现存本地食物资源有潜在影响的新项目和复兴项目时，应优先考虑本地食物的生产和分配	支持售卖本地和本区域种植食品的社区农园和食品市场的建设和改善；鼓励社区农园和食品市场在空间上的平等配置，使得所有的城市社区对于健康的本地食物都便捷可达	促进和支持本地食物系统；使更多的土地可以用于城市农业；确保种植新鲜食物的土地的可达性	致力于将城市农业土地使用与长周期的规划相结合；审视城市土地存量，考虑将更多的没有开发意图但适合城市农业的土地售卖或租赁，特别是在城市农业服务设施不足的地区；考虑利用现行的土地转让程序进行城市农业用地和开放空间的转让
把农夫集市纳入城市发展规划中，包括详细规划和近期建设规划	支持售卖本地和本区域种植食品的社区农园和食品市场的建设和改善	促进和支持本地食物系统；使更多的土地用于城市农业	致力于将城市农业土地使用与长周期的规划相结合
制定激励机制和附加政策以鼓励新的以及现存的屋顶进行食物生产	在适当的地点，支持水果和蔬菜的种植	促进和支持本地食物系统，支持创新的食物种植设计	修改区划代码以更好地促进农业对城市土地的使用；鼓励新发展项目中的创新设计
确定政策和奖励措施以鼓励（或要求）开发商考虑食物生产、分配以及堆肥处理空间，新的政策包括：更新区划代码，以便小的城市农业企业（和/或社区农园）的用地能够被纳入现存的绿色开放空间指标体系；更新绿色建筑指标体系，或制定鼓励措施，以便将用于农园的空间以及购买本地食品的承诺纳入绿色建筑指标体系	支持本地交易的发展；在适当的地方支持水果和蔬菜的种植；探索联合农夫集市、社区农园和开放空间的合作机会；对居民和土地所有者进行餐厨垃圾、庭院垃圾以及其他有机垃圾回收和堆肥的教育	促进和支持本地食物系统；使更多的土地用于城市农业；为种植者、食品加工者和食品分配者创造经济机会；鼓励生态可持续性；支持创新的食物种植设计	鼓励新发展项目中的创新设计；修订区划代码以更好地促进农业对城市土地的使用；在2011年的试点工作后，支持和增强明尼阿波利斯市自主商业开发中心；进行城市农业的市场分析和经济影响分析

交叉引用的建议、政策和目标			
明尼阿波利斯市的建议	综合规划政策	相关规划目标	相关主要建议
在必要时审查和修改城市区划代码以支持本地食物生产和分配的土地使用和相关的基础设施（如温室、篱笆和仓库）；未来可能明确承认城市农业作为规划分区，并制定规则以支持长期用于食物生产和分配的土地的所用权	促进营养战略以确保所有居民能够得到健康安全食品；在适当的地方支持水果和蔬菜的种植	促进和支持本地食物系统；确保更多的土地用于城市农业；减少对城市农业不必要的管理障碍，鼓励更好的管理方式；探索在城市食物系统中养殖动物的规则（主要指与区划代码相关的规则）	修订区划代码以更好地促进农业对城市土地的使用；建议将目前社区农园试点项目的土地向公众再次公布；在春季之前，重新评估所有社区农园试点项目的土地，以便确认：这些地方是否是最理想的园地；是否可以在农业公共服务不足的地区开辟更多的园地；根据这些园地长期的市场需求度，可以考虑对其进行出售
改善机动交通和非机动交通，以增加市场的可达性和利用率	支持售卖本地和本区域种植食品的社区农园和食品市场的建设和改善	促进和支持本地食物系统	致力于将城市农业土地使用与长周期的规划相结合

资料来源：译自 City of Minneapolis，2011。

美国区划法修改实践指出了对于城市建设用地与农业活动关系研究的两个方向：一是在城市建设用地分类中增设城市农业用地大类；二是就现有各类城市建设用地对农业活动（包括从生产到有机废物回收的全过程）的兼容性进行分析。

由于我国新的用地标准刚颁布不久，短期内再增设用地分类的可能性不大；此外，目前城市农业在我国城市规划中基本上还是一个陌生人，在这种前提下，该领域的研究不可能一蹴而就，增设新的用地类型有"大跃进"的可能。因此，基于城市农业对城市非常规用地诉求的基本方向，笔者认为，应该适度推进城市农业获得合法地位，对农业生产在城市规划层面的考察应该在"城市建设用地（H11）"的范围内，基于我国现行的城市建设用地分类，考察城市建设用地对农业活动的兼容性，并制定相应规范（见表5.3）。

表5.3 不同种类城市用地对城市农业的适用性分析

城乡用地分类	城市建设用地（H11）	农林用地（E2）	增设用地分类
是否适用城市农业	☺适用	☹不适用	☹现阶段不适用
原因	功能：城市农业多功能的实现有赖于农业生产用地与城市其他建设用地的联合； 联合生产：多利用附属用地，属于 H11； 公共物品供给：方便制定奖励政策，提高供给方积极性	功能：城市农业生产不同于绿地和园地单纯以生产为目的，具有多种功能，其内涵超出 E2 范围； 联合生产：强调就地生产，多利用附属用地，不属于 E2； 公共物品供给：E2 不计入城市用地指标体系，不利于制定绿地率奖励政策	新标准刚刚颁布，增设城市农业生产用地的可能性和必要性不大； 超越城市农业在我国的发展阶段，有"大跃进"可能

必须说明，由于目前农业仍然是规划房间里的陌生人，现阶段笔者旨在介绍这个陌生人，故此尽管在本书中对于增设城市农业用地大类不作展开讨论，但在这个陌生人被逐渐熟悉后，笔者将增设城市农业用地大类视为下一阶段的研究重点，希望这个陌生人能够获得规划房间里的席位，并长久停留。

二 在控制性详细规划中考察农业生产

明确在城市建设用地（H11）范围内考察农业生产后，问题也随之而来，为确定城市农业生产用地的合法地位，究竟应该在规划的哪个层面上进行研究呢？

国外的实践已经开始着手研究从战略规划、法定规划到城市设计全覆盖的城市农业规划设计。在我国，尽管城市发展战略规划已经成为一种常态规划，在对城市农业呼吁、认可和理解的基础上，将城市农业内容纳入城市发展战略规划指日可待；但是，城市发展战略规划并不具备法律效力，无法赋予城市农业合法的地位；且在城市农业刚刚出现的阶段，在没有系统实践积累、总结的前提下，要制定合理的城市农业发展战略规划是困难的。要推动城市农业的合法、顺利开展，必须在法定规划中寻找合适的对接规划层次。作为中国城市中刚刚出现的新鲜事物，与之对接的规划层次应该具有较大的时间弹性和空间弹性，并且由于目前城市农业活动急需引导，该规划层次对于实践应该有直接的指导作用，因此该规划层次应该处于法定规划中承上启下的位置，既能够在将来城市农业出现系统实践后进行总结并上升到上一层次的法定规划中，也能够在当下直接指导城市农业实践。

可以认为，法定规划中的控制性详细规划最能够满足这些要求。在其他的法定规划层次中，总体规划时间周期长，空间尺度大，难以反映快速而灵活的城市农业活动；此外，由于在目前的研究中，城市农业生产并不涉及新型的用地分类，也不能归入农林用地，因此在城市总体规划层面也难以体现城市农业生产用地的存在。修建性详细规划则由于针对具体项目，并且编制主体多元，缺乏普遍的指导意义。当然城市农业在城市修建性详细规划以及城市设计层面有很大的用武之地，然而这些运用也必须在控规的指导下进行，这方面内容将在下一节详细论述。近期建设规划中当然可以安排近期城市农业生产项目和措施，与修建性详细规划一样，都需要以控规的指导作为基础（见表5.4）。此外，2008年1月1日正式实施的《中华人民共和国城乡规划法》将控规对城市建设管理工作的法定效力提高到前所未有的高度（韦亚平，2011），这也有利于城市农业法定地位的确立。

表5.4　　　不同层次规划对确立城市农业法定地位的适用性分析

规划层次	发展战略规划	总体规划	控制性详细规划	修建性详细规划	近期建设规划
是否适用于确立城市农业用地的法定地位	☹ 目前不适合	☹ 目前不适合	☺ 适合	☹ 目前不适合	☹ 目前不适合
原因	非法定规划；认识不充分；尚没有系统的实践作为支撑	时间周期长；现行用地分类无法体现城市农业生产用地	法律效力强；承上启下的地位；在充足的实践基础上可以上升至总体规划层次；直接指导城市农业生产建设活动	缺乏普遍的指导性；需要控规的指导	需要控规的指导

因此，在城市农业起步的阶段，城市农业生产在城市规划中的表达和法定地位的取得应该着眼于城市法定规划的中间层次，即控制性详细规

划。需要说明的是，选择控制性详细规划作为确定城市农业合法地位的规划层次是基于城市农业在我国的发展现状，既为避免在认识尚不深入、实践尚不充足的情况下出现"好高骛远"的"大跃进"式农业泛化运动，也为避免过分纠缠于农业本身，忽视了城市现状和需求的强硬植入式建设，同时兼顾将来对城市法定规划层次上下渗透的可能。实际上，在城市农业得到认可并且进行系统的实践后，在城市规划的其他法定规划层次体现城市农业的存在将是未来的趋势。

（一）定性：农业生产与城市建设用地兼容性分析

由于城市农业生产用地在城市建设用地分类中并不占有一席之地，因此要在控规中体现城市农业生产用地，可对土地使用兼容性进行分析，明确各类城市建设用地对城市农业生产的兼容性（见表5.5）。

表5.5　　　　　　　　城市建设用地对城市农业生产兼容性分析

	用地分类	绿地种植	容器种植	水培	温室种植	说明
R 居住	R1 一类居住用地	√	√	√	Ø	充分发挥农业的多种功能
	R2 二类居住用地	√	√	√	Ø	充分发挥农业的多种功能
	R3 三类居住用地	√	√	√	Ø	充分发挥农业的多种功能
A 公共管理与公共服务	A1 行政办公用地	√	√	√	Ø	主要取决于相关机构意愿
	A2 文化设施用地	√	√	√	Ø	主要取决于相关机构意愿
	A3 教育科研用地	√	√	√	Ø	充分发挥农业的教育科研功能
	A4 体育用地	√	√	√	Ø	主要取决于相关机构意愿
	A5 医疗卫生用地	√	√	√	Ø	主要取决于相关机构意愿
	A6 社会福利设施用地	√	√	√	Ø	充分发挥农业的多种功能
	A7 文物古迹用地	Ø	Ø	Ø	Ø	环境限制
	A8 外事用地	√	√	√	Ø	主要取决于相关机构意愿
	A9 宗教设施用地	√	√	√	Ø	主要取决于相关机构意愿
B 商业服务业设施	B1 商业设施用地	√	√	√	Ø	充分发挥农业的多种功能
	B2 商务设施用地	√	√	√	Ø	主要取决于相关机构意愿
	B3 娱乐康体设施用地	√	√	√	Ø	主要取决于相关机构意愿
	B4 公用设施营业网点用地	√	√	√	Ø	主要取决于相关机构意愿
	B9 其他服务设施用地	√	√	√	Ø	主要取决于相关机构意愿

续表

用地分类		绿地种植	容器种植	水培	温室种植	说明
M 工业	M1 一类工业用地	√	√	√	Ø	主要取决于相关机构意愿
	M2 二类工业用地	×	×	×	×	环境限制
	M3 三类工业用地	×	×	×	×	环境限制
W 物流仓储	W1 一类物流仓储用地	√	√	√	Ø	主要取决于相关机构意愿
	W2 二类物流仓储用地	×	×	×	×	环境限制
	W3 三类物流仓储用地	×	×	×	×	环境限制
S 道路与交通设施	S1 城市道路用地	×	×	×	×	主要取决于相关机构意愿
	S2 城市轨道交通用地	×	×	×	×	环境限制、安全考虑
	S3 交通枢纽用地	×	×	×	×	环境限制、安全考虑
	S4 交通场站用地	×	×	×	×	环境限制、安全考虑
	S9 其他交通设施用地	×	×	×	×	环境限制、安全考虑
U 公用设施	U1 供应设施用地	×	×	×	×	环境限制、安全考虑
	U2 环境设施用地	√	√	√	Ø	主要取决于相关机构意愿
	U3 安全设施用地	×	×	×	×	环境限制、安全考虑
	U9 其他公用设施用地	√	√	√	Ø	主要取决于相关机构意愿
G 绿地与广场	G1 公园绿地	√	√	√	Ø	充分发挥农业的多种功能
	G2 防护绿地	×	×	×	×	环境限制、安全考虑
	G3 广场用地	√	√	√	Ø	充分发挥农业的多种功能

说明：√兼容（该类农业生产可以在该类用地上开展）；×不兼容（农业生产不能开展）；
Ø经批准后可开展（该类农业生产在该类土地上的开展须经规划建设部门批准方可进行）。

城市建设用地兼容城市农业生产是指该类用地所对应的城市地区在采用一定的种植技术方式后具有发展农业的可能。由于城市农业不同于传统的大田作业，不同城市空间的城市农业生产需要不同的种植技术，其对于环境的适应能力大大增强。这些种植技术包括土壤（绿地）种植、可移动容器种植、水培（用于建筑立面）、温室种植，分别利用城市绿地、广场、建筑进行生产，详见第七章（如图5.1）。水培等种植方式不受土壤状态影响；屋顶种植、立体种植、移动种植可以自行选择种植基质。例如在城市居住社区中，屋顶、居住区绿地等空间可用于发展城市农业，农业生产可以为社区提供健康的食品和生活方式，宣传并实践废物回收，形成该地区的休闲娱乐场所，促进社会融合。因此，可以认为居住用地兼容城市农业生产。

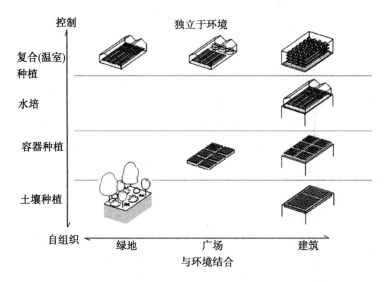

图 5.1 城市农业生产与城市空间关系

资料来源：修改自 Graaf，2011。

城市建设用地不兼容城市农业生产是指该类用地所对应的城市地区对农业活动具有环境限制或者权属限制。如在城市的二、三类工业用地范围内，进行农业活动受到环境限制；在城市的道路交通用地范围内，农业活动受到目前的管理维护水平以及权属和安全问题的限制。

此外，需要说明，在现阶段，笔者不主张大规模使用现存的维护和运营良好的城市公园绿地开展城市农业活动。当然，一些观赏性的农作物种植以及特殊功能公园除外，如杭州的八卦田公园。而附属绿地一般有明确的地区管理主体，取得全体使用权所有者的同意进行农业活动在理论上是可行的，因此可以成为开展农业生产的空间。但是，由于空间联合是资源竞争性的，即一种活动的开展会减少另一种活动开展的机会，因此必须考察农业活动的产出与原有绿地效益之间的平衡问题。显然，对于原本建设和养护良好的绿地，转为农业活动是不适合的，城市中农业生产空间对绿地的"全覆盖"是不现实也不合理的，而对缺乏管理而荒掷绿地的利用或在新增绿地上进行农业活动则是值得探索的。这一点在下文对城市农业生产用地占绿地面积比例上限的规定中可以体现。

（二）定量：农业生产面积的指导性指标体系

我国的控规以指标控制的方式对土地的开发和管理进行约束和引

导，那么要在控规中对城市农业生产进行进一步的定量体现，必须将城市农业生产的相关内容纳入控规的指标体系中。此外，由于农业的公共物品特性，需要对供给者进行一定的溢出效益补偿，以提高供给积极性。

美国国际生命建筑研究所（International Living Future Institute，简称ILFI）已经将农业内容纳入绿色建筑指标体系中。该研究所制定的名为"生命建筑挑战"（Living Building Challenge）的指标体系中，把城市农业作为评价绿色建筑和社区的强制性内容。该标准规定，根据项目容积率的不同，必须以一定的规模和密度将城市农业整合在项目中，对于建筑项目和社区规划项目，这一规定是强制性的（见表5.6）（ILFI，2012）。制定者希望借助具有多功能性的城市农业，把健康食物和社会正义问题纳入绿色建筑评价标准中，实现超越LEED（绿色建筑评估体系 Leadership in Energy and Environmental Design）的目标，因此它被认为是世界上最具革命性的绿色建筑评价标准（赵继龙，2012b）。这个标准证明了世界建筑界已经将农业提高到可持续发展必要要素的高度，证明了城市农业可以具有可量化的合法地位，该标准的出台是目前世界上以定量的、强制性的方式把城市和可持续发展与农业进行联合的重要事件。

表5.6　　　　　　　建筑和社区项目中强制性农业面积比例

层次	容积率	农业项目面积比例
1	—	不实施
2	<0.05	80%
	0.05≤0.09	50%
3	0.10≤0.24	35%
	0.25≤0.49	30%
4	0.5≤0.74	25%
	0.75≤0.99	20%
	1.0≤1.49	15%
5	1.5≤1.99	10%
	2.0≤2.99	5%
6	>3.0	无强制性要求

资料来源：ILFI，2012。

　　ILFI 对于城市农业的强制性规定基于美国社会对城市农业的广泛认可、深度认识和长期实践。反观我国，在目前城市农业认知尚不充足、研究尚不全面、实践尚不系统的情况下，难以将城市农业的相关指标纳入控规中的强制性指标体系；且目前对于城市农业应以倡导、鼓励为主，因此可以在相对灵活的指导性指标体系中纳入城市农业生产的量化内容。

　　农业生产作为一种特殊的绿化，目前能够与其直接相关的控规指标是绿地率。通常情况下，绿地率是控规的强制性指标，不宜变动，但是在指导性指标中可以根据城市农业的开展情况对绿地面积的计算作出补充奖励规定，即将城市农业生产面积按一定比例折算为绿地面积，以引导开发商和其他供给主体将城市农业纳入项目建设中。本书始终强调，在我国目前的情况下，农业城市主义的空间诉求主要针对城市非常规用地和空间，致力于挖掘未被充分利用的消极用地和空间。此外，根据现行的各级城市绿化管理法规和条例，对于现有城市绿地的占用和破坏都是违法行为，因此，对绿地面积的奖励规定可以着眼于屋顶、墙面以及垂直农业等非常规土地、空间利用方式。由于城市农业生产不同于普通城市绿化，具有明显的季节性，不能够完全取代常规绿化；从农业生产本身的特点来看，大面积农业生产容易导致病虫害，而分散的、小面积的农业生产反而能够有效避免和控制病虫害，这也是城市农业与大田农业相比的优势所在。因此，也需要规定城市农业生产用地占绿地面积比例的上限，以尽可能发挥城市农业生产的优势，避免泛化的对城市绿地、社区绿地全覆盖的极端思想。实际上，制定奖励性的、有上限规定的城市农业指标体系的目的有两个方面，在实践中既鼓励城市农业空间的提供，也避免城市农业空间的泛化；在研究中既鼓励对于城市农业指标体系的进一步深化和细化，也避免陷入空间泛化的研究误区。

　　为更好地与现行城市相关法规、条例对接，笔者基于杭州相关条例，提出对接杭州城市绿化条例的城市农业生产指标体系。2011 年 10 月 1 日施行的《杭州市城市绿化管理条例》中指出，鼓励发展屋顶绿化、垂直绿化等多种形式的立体绿化和开放式绿化。屋顶绿化、垂直绿化面积可按照比例折算为建设工程项目的附属绿地面积。2013 年 1 月发布并于 2013 年 3 月 1 日开始执行的《杭州市城市绿化管理条例实施细则》中对于折算办法进行了明确细致的规定（见表 5.7）。根据该细则，可以确定城市农业生产的指导性指标体系（见表 5.8）。需要说明的是，该体系是为尽快确立城市农业的合法地位，对城市农业指标体系应该如何与城市现行的相关管理制度和规范对接的示例。在城市农业接受度提高、实践增多的情况下，应设计更为细致的指标体系。

表5.7 《杭州市城市绿化管理条例实施细则》垂直绿化折算表

除住宅以外的建设工程项目建筑屋顶绿化计算	建设工程项目的地下设施绿化计算	墙面绿化计算
覆土厚度不足0.1米的，不计算绿地面积		
覆土厚度0.1米以上不足0.3米的，按10%计算绿地面积	地下设施顶板低于室外地坪不足1米的，覆土厚度0.1米以上不足0.3米的，按10%计算绿地面积	
覆土厚度0.3米以上不足0.5米的，按30%计算绿地面积	地下设施顶板低于室外地坪不足1米的，覆土厚度0.3米以上不足0.5米的，按30%计算绿地面积	除住宅以外的建设工程项目，按要求在建（构）筑物墙面实施垂直绿化，种植槽宽度0.5米以上且覆土厚度0.5米以上的，以其种植长度计算的绿化面积，可按照20%的比例计算为附属绿地面积
覆土厚度0.5米以上不足1米的，按50%计算绿地面积	地下设施顶板低于室外地坪不足1米的，覆土厚度0.5米以上不足1米的，按50%计算绿地面积	
覆土厚度1米以上不足1.5米的，按80%计算绿地面积	地下设施顶板低于室外地坪1米以上，且覆土厚度1米以上不足1.5米的，按80%计算绿地面积	
覆土厚度1.5米以上的，按100%计算绿地面积	地下设施顶板低于室外地坪1米以上，且覆土厚度1.5米以上的，按100%计算绿地面积	

注：建设工程项目实施屋顶绿化、垂直绿化按本实施细则规定计算的绿地面积总额，不得超过建设工程项目审批确定的附属绿地面积的20%

表5.8 城市农业绿化折算表

建筑屋顶及地下设施农业计算	墙面农业计算
覆土厚度0.1米以上不足0.3米的，按10%计算绿地面积	除住宅以外的建设工程项目，按要求在建（构）筑物墙面实施垂直农业，种植槽宽度0.5米以上且覆土厚度0.5米以上的，以其种植长度计算的绿化面积，可按照20%的比例计算为附属绿地面积
覆土厚度0.3米以上不足0.5米的，按30%计算绿地面积	
覆土厚度0.5米以上不足1米的，按50%计算绿地面积	
覆土厚度1米以上不足1.5米的，按80%计算绿地面积	
覆土厚度1.5米以上的，按100%计算绿地面积	

注：建设工程项目实施屋顶农业、垂直农业按本规定计算的绿地面积总额，不得超过建设工程项目审批确定的附属绿地面积的20%；建筑工程项目实施屋顶农业、垂直农业按本规定计算的绿地面积与其他经批准在绿地上开展的农业生产（指蔬菜、作物种植，不包括果树）面积总额，不得超过建设工程项目审批确定的附属绿地面积的30%

第二节 城市设计中的农业生产空间

城市设计层面是国外城市农业生产实践最为活跃的领域，在城市农业获得合法地位的前提下，本节基于国内外实践，挖掘在城市设计层面城市农业生产的各种可能性空间。根据与土地的关系，农业生产可能的空间包括城市绿地、城市广场以及建筑。基于农业城市主义对于城市非常规空间的诉求，笔者认为城市农业应该首先致力于挖掘城市的各类消极空间（闲置、荒掷、未得到充分利用的空间等），如建筑的屋顶和立面；而为了保证城市农业最大限度地发挥综合效益，对常规空间的非常规使用应该也是被允许的，如利用可移动的种植器皿在城市广场开展农业活动；对于城市公共绿地这一在城市农业活动中争议最大的区域，笔者认为，在我国的城市空间中，城市公共绿地通常维护良好，因此现存的维护良好的公共绿地不作为主要的农业活动诉求空间，但出于农业活动的需求开辟新的绿地以及利用已经凋敝和管理不善的绿地则应该支持，并按照上一节的指标体系进行控制。

根据这些可能的农业生产空间的位置、特点、影响范围等，将城市设计中的农业生产与城市的联合分为四个层次，分别为：城市尺度的农业生产、社区尺度的农业生产、建筑尺度的农业生产和场所尺度的农业生产（见表5.9）。需要说明的是，在本书对农业生产空间的研究中，并不包括市民阳台、私家庭院等私人空间。根据农业生产空间对城市空间的干预程度，将农业生产空间与城市空间的联合模式分为保留、嵌入、整合和重构（如图5.2）四种，以便于更简洁地描述如何形成与农业联合的城市空间。保留是指对城市空间中原有的农业生产空间进行保留；嵌入是指维持城市空间原有主体功能的前提下，小面积嵌入农业生产空间；整合是指维持城市空间原有主体功能的前提下，利用各种技术方法，将农业生产系统全面整合到城市系统中；重构指以农业生产空间和农业生产功能完全取代原城市空间和功能或新建以农业生产为主体功能的空间。

一 城市尺度的农业生产

在城市尺度的农业生产中，设计师通常将农业生产空间视为城市生态基础设施的组成部分，利用生产性空间组织城市的食物生产、废物回收以

表 5.9　城市农业生产空间分类

生产空间	模式	类型	空间 绿地	空间 广场	空间 建筑	空间 荒地	特点	意义	示例	在我国推行难度、原因和对策
城市尺度的农业生产	整合	连贯式生产性城市景观	√	√	√	√	利用城市所有可能的空间，形成连贯生产性的城市农业空间	生产性的城市绿地系统	英国米德尔斯伯勒城市农场；可食的鹿特丹	·困难 ·认知不足，尚无充分实践，理论和群众基础 ·加强宣传，积极开展社区的实践，建筑和场所所尺度
	重构	生产性城市	√	√	√	√	以农业生产组织城市	新型城市结构	多伦多溪谷城市	·困难 ·处于实验阶段 ·关注研究动态
社区尺度的农业生产	嵌入	社区复兴农场	√	√		√	在附属绿地以及屋顶、荒地等消极空间中嵌入农业生产空间	提供新型公共空间，促进社区复兴	多伦多威奇伍德(Wychwood)；加拿大伊努维克托洛伊温室	·较容易 ·对土地干扰小，是社区开放空间的有益补充 ·探索新的社区农业管理模式
	整合	生产性居住社区	√	√		√	以农业生产整合社区食物、开放空间以及生态卫生系统	闭合的生产性社区循环系统	荷兰克莫尔(Lanxmeer)生态社区；美国特洛伊花园	·较困难 ·认知不足，涉及绿化、市政、卫生等相关部门 ·协调各相关部门，探索新的社区建设模式
	嵌入	屋顶农场			√		利用消极利用的空间，尤其是屋顶立面	对消极空间的积极使用	东联集团天空菜园；芝加哥青少年中心屋顶花园；纽约鹰街屋顶农场	·容易 ·权属清晰，不涉及土地性质 ·大力推动该模式实践
建筑尺度的农业生产	整合	生产性建筑			√		在保留建筑主体功能的前提下，将农业生产与建筑进行全方位整合	将农业纳入绿色建筑体系	蒙特利尔梅森性住宅；不可思议的可食住宅；武汉农业公寓	·较困难 ·认知不足，实践不足 ·将农业纳入绿色建筑评价体系
	重构	垂直农场建筑			√		完全用于农业生产的建筑	新的农业生产可能	蜻蜓农场；荷兰猪城；迪拜金字塔垂直农场	·困难 ·投入较大，争议较大，容易被资本绑架 ·关注研究动态

续表

生产空间	模式	类型	空间				特点	意义	示例	在我国推行难度、原因和对策
			绿地	广场	建筑	荒地				
场所尺度的农业生产	保留	生产性景观	√				保留部分原有农业空间	农业符号的保留	中国美院象山校区；沈阳建筑大学；芝加哥北格兰特公园	·容易 ·仅作为景观造景的植物空间要素 ·鼓励对原有农业生产空间适当保留
	嵌入	城市广场农场		√			多利用可移动种植器皿进行农业种植	生产性、教育性的城市公共空间	纽约公共农场一号；伦敦城市农场；底特律城市农田	·较容易 ·投资少、可移动、可逆转，不涉及土地性质问题，但还原缺乏认识 ·大力推动该模式实践

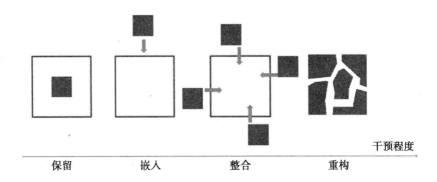

干预程度

保留　　　　　嵌入　　　　　整合　　　　　重构

图5.2　农业生产空间与城市空间的联合模式

及社会交往等城市活动，以形成连贯式生产性城市景观。城市绿地、广场、建筑、闲置地/荒地均可用于城市尺度的农业生产。生产性城市的实践可以分为两类，一类基于现存的城市肌理，致力于对现存城市空间的整合，以米德尔斯伯勒城市农场为代表；另一类则对城市农业寄予更多的期望，以生产性空间重新组织城市结构，创造新型的城市发展模式，以多伦多溪谷城市（Toronto Ravine City）为代表。在我国，目前由于认知不足，城市农业不具合法地位，城市尺度的农业活动推行困难。

（一）连贯式生产性城市景观

卡特林·波尔和安德烈·维翁在提出 CPULs 的理念后，致力于继续发展并且将之实施于英国北部的工业城市米德尔斯伯勒中。开展于2007年的城市农场项目（Middlesbrough Urban Farm）是 CPULs 概念的第一次实践探索（如图5.3）（Bohn & Viljoen Architects et al.，2011）：项目中贯彻的设计策略主要包括自始至终的社区参与；根据不同的城市空间尺度和条件，提供不同尺寸的种植容器；使用地图作为分析工具，揭示城市食物生产的战略和机会；设计团队在项目开始之初即向当地社区群体以及相关组织进行咨询，这种基于不同利益群体之上，包括了众多参与者的设计很快就得到了落实；绿色通道、配给花园和小、中、大不同尺寸的种植容器组成了城市生产性空间网络；设计团队绘制了显示城市食物生产空间数据的"绿色可食的米德尔斯伯勒机会地图"，标明了现存的分配种植花园，以及其他潜在的农业生产地点；在实践中，数量众多的参与者愿意在第二年继续种植蔬菜和水果，这证实了城市农业具有广泛的接受度。

连贯式的生产性城市景观
份地农场
不同尺度的容器种植

图5.3　米德尔斯伯勒城市农场

资料来源：Bohn & Viljoen Architects et al., 2011。

（二）新型生产性城市

自然溪谷系统是多伦多最具有代表性的城市特征之一。多伦多溪谷城市是一个城市尺度的设计图景，它利用了连续的分水岭和生态系统作为城市的基础设施，使用穿过多伦多的溪谷作为住宅、食物生产以及资源保护的走廊（如图5.4）多伦多本地设计师寻求新型的城市和自然的联系（Gorgolewski，2011）：溪谷城市的建筑设计结合了食物生产空间，包括屋顶和露台上的生产性花园；溪谷城市允许城市居民和社区从事食物生产、处理和运输活动；现存的沿溪谷边缘的居住单元可以通过矮墙、花园以及结合了垂直生产空间的生产性高层建筑与绿色的走廊相连；每个居住单元互相分享多余的食物和能量；开放空间和溪谷本身也用于食物生产。溪谷城市以高密度、立体的形式创造生活和食物生产空间，致力于减少对蔓延式城镇化的需求，缩短食物里程，将生产性空间作为城市生态系统的一部分，鼓励城市居民更有力地控制自己的生态足迹。

图 5.4   多伦多溪谷城市

资料来源：Gorgolewski，2011。

二   社区尺度的农业生产

在社区尺度的农业生产中，生产空间通常作为社区新型的公共空间，同时承担社区食品供应、社区教育、社区交往等多种功能，以形成生产性的、具有闭合循环系统的新型社区。社区农业的实践也可以分为两类，一类致力于以农业生产为突破口进行社区复兴，以多伦多威奇伍德仓库（Artscape Wychwood Barns）为代表；一类以农业生产组织新社区的物质形态建设，形成新型农业居住社区，目前在欧洲许多城市的新开发社区项目中都建有社区农场，以荷兰兰克莫尔（Lanxmeer）生态社区为代表。城市绿地、广场、建筑、闲置地/荒地均可用于社区尺度的农业生产。社区农场由于涉及土地权属以及城市管理制度和法规的问题，推行也有一定难度，但在我国城市农业的自发实践和群众需求中，是最迫切需要合法化和规范管理的一种类型。在社区自治逐渐成熟的前提下，社区农场应该并且可能成为我国城市农业发展的主要方向。笔者希望在上节分析中的指标体系可以抛砖引玉，引发新型的社区农业建设和管理模式研究。

（一）社区复兴农场

多伦多威奇伍德仓库前身是有着近 200 年历史的多伦多电车维修点。在废弃多年后，它已经转变为一个占地 5500 平方米的复合公共空间，包括城市农业生产空间、艺术家工作室、工作坊、办公空间、书店、画廊、剧院以及露天花园。其中的农业生产空间被称为"绿色仓库"，这个近1000 平方米的空间被设计为可以全年进行食物生产的温室和教育中心

（如图5.5）（Gorgolewski，2011）：温室设施包括智能控制排风系统、滴灌系统、最大化自然光线系统以及堆肥区域和设施；仓库同时教授与食物相关的课程，包括食物种植、处理、烹饪和堆肥技术，以及开展社区学校的课外活动项目；农夫集市是每周末的固定活动，售卖仓库中生产的农产品以及来自本地的其他有机食品；社区参与是该项目成功的关键，威奇伍德仓库通过提供便利可达的食物生产空间和相关的食物生产、加工、回收课程大大提升了社区品质，并且已经成为当地社会交往的中心。

图5.5　威奇伍德仓库社区农场

资料来源：Carrot City官方网站 http：//www. ryerson. ca/carrotcity/board_ pa-ges/community/artscape_ wychwood_ barns. html。

（二）新型生产性居住社区

荷兰兰克莫尔生态社区位于屈伦博赫中央火车站附近的水源保护区，该区块包括24公顷农田和一些果园。该项目自开始就建立了包括市政供水部门、能源部门、环境学家、建筑师、景观设计师、能源水资源专家、社会学家等在内的合作平台。该社区包括250栋独立住宅、公寓、办公楼、工作室以及一个城市农场、EVA生态中心（整合了生态技术的教育、信息和会议中心）和"可持续性植入"设施（"Sustainable Implant"，简称SI，包括生态污水处理技术及沼气装置）[①]。农场、EVA中心以及SI组成了社区自循环生态设施。城市农场位于原农业区域，为社区持续供应食品，除此之外，也是社区的水缓冲地带以及垃圾处理物的回收利用地区；SI设施与EVA中心整合在一起，形成独立于城市基础设施的分散式生态卫生系统（详见第七章），分别回收社区的污水和有机垃圾，处理过程输

① 作者注：由于资金问题，EVA中心与SI设施目前尚未建成。

出沼气、中水、有机肥料，沼气用于补充社区能源，中水利用生态技术进一步净化并用于灌溉，有机肥料则返回城市农场（如图5.6）（Röling et al. 2005；Timmeren，2007；Stichting EVA，2010）。

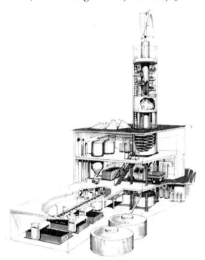

图5.6　整合了 SI 设施的 EVA 中心

资料来源：Stichting EVA，2010。

三　建筑尺度的农业生产

与城市绿地和城市硬质公共空间相比，建筑具有更为明确的权属和使用主体，因此，无论是在研究还是在实践中，农业生产与建筑的结合都得到了更多的关注。建筑的屋顶、外立面、室内空间均可以在现代城市农业生产技术和建筑技术的支撑下得到利用（详见第七章），进行农业生产。根据农业生产与建筑的关系，可分为屋顶农场、生产性建筑和垂直农场三类。其中对建筑屋顶的利用在实践中已经相当成熟，对废弃建筑的生产性改造利用也屡见不鲜，对建筑的外立面以及对建筑室内外空间的综合利用则多处于理论探讨阶段。

（一）屋顶农场

屋顶被称为建筑的"第五立面"，但相比较其他立面，这个立面就"灰头土脸"多了，在我国，城市中的水泥丛林绝大多数"素面朝天"。在"平改坡"引发一系列争议后，对建筑屋顶的利用思路逐渐转移到"平改绿"上来，屋顶成为城市提高绿化率的一条有效途径。屋顶长期以来是城市中的消极空间，这一类空间未得到充分利用，居民对这类空间也缺乏归属感和领域感，或者因随意使用造成权属纠纷及安全隐患。尽管屋顶绿化的建设一直在进行，然而，普通的屋顶绿化限于屋顶荷载、土层厚度等技术要求，难以形成富有魅力、吸引力和有归属感的空间，建成后往往利用率不高，反而使屋顶绿化陷入难以推行并难以为继的尴尬局面。将农业活动引入屋顶空间可以在满足屋顶绿化的生态效益的基础上形成具有归属感的社会空间，相比较传统的屋顶绿化，更有可能使屋顶这种消极空间发挥积极的社会作用。在我国的城市农业实践中，屋顶农场的发展相对较为顺利，在不涉及权属争议的前提下，所遇阻力较小。在笔者的问卷调查中，几乎所有被调查者都支持在屋顶开展的农业种植活动（详见附录结论）。根据孟建民的计算，中国现有屋顶面积 73 万公顷，绝大部分完全闲置（2008），利用屋顶进行农业生产具有巨大的潜力。

同时，屋顶农场在温度调节、洪水控制、城市降噪等方面的生态效益也是巨大的。屋顶种植农作物可大大降低太阳辐射，调节气温，有屋顶花园的房间冬暖夏凉，夏季高温时室内气温通常可以降低 5—6℃，严寒的冬季室内温度则通常可以高 2—3℃（叶茂乐等，2011）。对于建筑物的顶层来说，大约能够节省 50% 的夏季制冷能源，以及 50% 的冬季供暖能源（魏艳等，2007）。联合国环境署的一项研究表明，如果城市的屋顶绿化率达到 70% 以上，城市上空的 CO_2 含量将下降 80%，这意味着热岛效应基本消失（张敏，2010）。屋顶农场还可以截留雨水，蓄存大约 60%—70% 的天然降雨（廖妍珍，2010）。德国的研究显示，城市绿色屋顶是多种生物的重要栖息地，英国学者的估计英国的屋顶花园可以帮助房屋增值 10%—30%（蒂莫西·比特利，2011）。此外，屋顶是城市中相对独立的空间，更容易形成小的生态圈，在土质、水质以及病虫害防治等方面也更为可控。

布鲁克林农庄位于纽约市中心一座建于 1919 年的 6 层仓库的楼顶，这片面积为 3700 平方米的屋顶商业有机农场成立于 2009 年，仅用了三周就把空白的屋顶变成了商业运作的农场。这里种植着 40 种有机产品，包括番茄、辣椒、茴香以及各类豆类，还有胡萝卜等蔬菜以及一些草药（如图 5.7）（Gorgolewski，2011）。

芝加哥盖瑞康莫尔青少年中心屋顶农场获得了 2010 年 ASLA 综合设计奖项，这对城市屋顶农场的发展是很好的激励①。青少年中心坐落于芝

① ASLA 官方网站：http：//www.asla.org/2010awards/377.html。

图5.7   纽约布鲁克林农庄

资料来源：布鲁克林农庄官方网站 http：//brooklyngrangefarm.com/。

加哥南部边缘，周围几乎没有安全的可供青少年了解自然世界的户外空
间。作为最具有代表性的生产性屋顶农场，2006年，这里开始为青少年
和老年人提供安全的学习植物和食物知识的空间（如图5.8）。这个农场
设计为一系列的条形种植床，在50—60厘米厚的土壤中可以种植有机的
卷心菜、太阳花、胡萝卜和草莓。一年中，这个760平方米的花园生产了
约450公斤供学生、本地餐馆和该中心的咖啡厅使用的有机食品。在缺乏
多样性的城市地区，这个花园不仅仅是青少年和老年人的绿洲，也吸引了
在这个地区很少见到的鸟类、昆虫以及其他野生生物。

图5.8   芝加哥青少年中心屋顶农场

资料来源：ASLA官方网站。

　　上海开能净水公司屋顶农场位于浦东新区川沙工业园区，用于农场设计的屋顶面积为 418 平方米。农场建设要求满足职工基本休闲需求，并植入工业元素，展示公司企业文化（如图 5.9）。该农场于 2012 年建成，并安全度过台风季节，证实了屋顶农场在东南沿海地区的安全性。农场的灌溉系统与整个厂区的水净化系统对接，直接使用净化中水进行灌溉，是"天空菜园"系列农场中最具有代表性的一个，对该案例的具体分析将在第八章展开。

图 5.9　上海开能净水公司屋顶农场
资料来源：东联设计集团。

（二）生产性建筑

　　在不改变建筑主体功能的前提下，利用建筑屋顶、立面、阳台、地下室等将农业生产循环与建筑能量循环全面地整合在一起即形成生产性建筑（Edible Estate/Agro-housing/Productive House）。农业循环系统通常与功能最为多元的居住建筑进行整合，以最大化社会效益和生态效益，目前的实践既包括对现存建筑的改造，也包括完全实验性的理想方案。

　　梅森生产性住宅项目（Maison Productive House）证实了在小型、混合用途的可持续城市更新项目中结合食物生产的潜力。该项目启动于 2009 年，就将食物生产与现存城市住宅结合而言，这个项目是一次创造性的实际尝试（如图 5.10）（Gorgolewski，2011）：该三层建筑呈"L"形，建筑面积 1460 平方米；建筑的最上层扭转成锯齿状的组合方式，以获得最长的日照时间；底层布置了烘焙房和一个小型的设计工作室；农业空间包括屋顶农园、温室、垂直种植区、堆肥区；每户居民拥有一处生产性的分配空间；公共生产空间进行统一管理；雨水收集系统和灰水回收系统提供了灌溉用水；使用计时器协调 15 个花园滴灌系统的用水需求；该项目的生产空间并不仅仅生产食物，也同样承担起重要的社会和美学责任，鼓励绿色、健康的生活方式；设计师预测该项目能达到 60%—80% 的能量自给程度；然而，在实施过程中，并不是所有的居民都愿意接受对于固有生活方式改变的挑战，因此，设计师认为大规模的生产性住宅的实施计划能否开展有赖于相关文化和理念的改变。

图 5.10　梅森生产性住宅
资料来源：Gorgolewski，2011。

由 Rios Clementi Hale 事务所（RCHS）设计的"不可思议的可食住宅"（The Incredible Edible House）则是完全实验性质的作品。2009 年，《华尔街日报》邀请四家知名事务所设计能量自给的住宅，RCHS 提交了该方案（如图 5.11）（Philips，2011），在设计师的构思中，这个方案占地约 135 平方米（9 米×15 米），应用于高密度的城市街区，通过一个精心设计的系统减少居民的食物里程，实现能源和食物的自给自足：在这个系统中，建筑正立面被设计为相互连接的板状结构，足够四口之家食用的多种蔬菜和水果被种植在附着在板上的水培基质中，一面"活"的墙体同时可以减少住宅的热量需求；风力涡轮机布置在屋顶平台，与屋顶的蒸发冷却池构成了综合能源生产和冷却系统；太阳能遮阳板则同时用于遮阴和能量生产；雨水收集系统提供生产灌溉用水。

（三）垂直农场

2000 年，加拿大不列颠哥伦比亚大学生物学教授戴斯博米尔（Despommier）首次提出"垂直农场"（Vertical Farm Arcology）的概念，这是一种位于城市中心的高层室内农业系统，用于补充或取代传统农场。戴斯博米尔认为，垂直农场能够进行不受季节影响的农业生产，创造新的工作

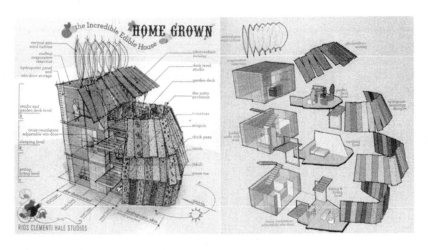

图 5.11　"不可思议的可食住宅"

资料来源：Philips，2012。

机会，充分利用城市有机垃圾，解决环境污染，是应对全球不断增长的人口食物需求的对策（Despommier，2005；Despommier，2010；Vogel，2008）。这一概念很快得到了一批建筑师的响应，成为一种新的建筑潮流，并出现了一系列垂直农场建筑概念设计方案。

荷兰建筑事务所 MVRDV 提出了"猪之城"（Pig Tower）垂直养猪场设计方案，这是一组 44 层高的生态养猪塔楼，塔楼顶部为渔场，据设计者估计，31 幢塔楼的产出可供养全部的荷兰居民（如图 5.12）（Maas，2004）。此外，马来西亚设计师杨经文推出新加坡垂直农场（EDITT）；同样来自马来西亚的建筑师提出了深圳"光明城"方案（Lim et al.，2010）；比利时设计师提出蜻蜓垂直农场；迪拜出现了金字塔垂直农场和"海水利用垂直农场"；瑞典建筑公司设计了圆球形垂直农场；巴黎也有自己的垂直农场方案；加拿大滑铁卢大学的高登·格拉夫设计了"空中农场"；加拿大罗姆斯建筑事务所设计的"绿色收获城市垂直农场"在加拿大温哥华的一项设计大赛中一举夺冠；波士顿豪勒—尤恩建筑事务所计划在受经济影响停工的烂尾楼上安装"生态豆荚"；建筑设计师奥利弗—洛雷斯特提出了"O 型垂直农场"。[1]

---

[1]　新浪科技，《26 种垂直农场设计方案》，2010 年 1 月 20 日，http：//tech.sina.com.cn/d/2010-01-20/00053786704_3.shtml。

图 5.12　猪之城

资料来源：Maas，2004。

但是，与此同时，这些巨大的塔形建筑也受到了建造成本大于收益的质疑。实际上，我国摩天大楼的建造本身就存在争议，摩天大楼建设高烧不退，容易被投机资本以及政府意图绑架。因此，作为新的研究领域和新的农业生产可能，垂直农场无可厚非，但在我国目前的情况下，笔者并不建议将垂直农场作为我国城市农业系统的主要组成部分。

四　场所尺度的农业生产

这里的场所主要指小块城市绿地以及城市广场、街头广场，以及其他以硬质铺装为主的公共空间。在这些空间中，或者可以将农作物作为造景的要素，形成生产性景观（Productive Landscape）；或者可以使用可移动的种植容器开展农业生产，形成城市广场农场（City/Urban Farm）。这两种模式均灵活易施，并具有很好的示范作用，应得到大力的宣传推广。

（一）生产性景观

在建设过程中，保留基地上的生产性要素，以形成生产性景观。如中国美院象山校区里保留了基址原有的鱼塘和农田，沈阳建筑大学校园里以稻田作为主要景观，芝加哥北格兰特公园采用玉米地作为景观基质（俞孔坚等，2010b）。但这种类型的景观通常缺少多元的参与机制，尚不能被称为真正的城市农业，其作为景观造景元素的意义大于作为活动场所的意义。

（二）城市广场农场

在城市硬质公共空间开展农业活动具有很大的灵活性，使用可移动的种植设备使这种空间利用方式有很大的可操作性。这种方式基本不改变原有空间用途，投资少，并可以为城市公共空间增加新的功能和活动项目，因此容易在我国推行。由于我国的硬质公共空间建设存在一些大而不当的弊端，利用城市农业填补这种建设带来的低效率空间是很有必要的。对于一些零散的、难以利用的街头广场，城市农业也不失为一种选择。此外，我国城市中很多土地由于开发商的原因或者尚未确定发展方向往往在短期内闲置，通常情况下，这些土地被围墙包围，在一段时间内对城市没有任何效用，或者仅用作停车场。在下面案例中开发商和城市公共部门合作建设临时的农业生产空间也是闲置地很好的选择。

在国外的实践中，纽约公共农场一号有很强的代表性。该公共农场位于纽约现代艺术博物馆的 PS1 当代艺术中心的庭院内，自 2008 年夏季开始进行展示（如图 5.13）。Public Farm 1（简称 PF1）将娱乐与教育功能结合为一体，在分享食物种植体验的同时，贯彻可持续的建造理念；该项目使用可回收利用的防水纸材料建造并 100% 依靠太阳能，使用雨水收集系统进行灌溉；种植空间被设计为蜂窝状，种植了 50 余种瓜果蔬菜，中间间隔灌溉和养料设备；每个支柱除了结构支撑作用外，还服务于特定的体验或互动功能，包括太阳能果汁吧、瞭望地面的潜望镜、水循环系统等；尽管这并不是一个永久性项目，PF1 仍然通过大胆的、具有创意的方式强调本地食物系统的可能性，将维持城市的系统和设施从城市边缘带到了城市核心区，促使人们理解可持续城市农业的经营理念（Amale et al., 2010）。

图 5.13　纽约公共农场 1 号

资料来源：Amale et al., 2010。

底特律城市农田刚刚获得了 2012 年美国景观设计师协会（ASLA）综合设计奖项①。2010 年位于底特律市中心的一幢建筑拆除后，这个约为 2000 平方米的地块暂时闲置，在未来的发展尚未确定前，开发商与城市公共部门在离底特律金融中心仅一个街区之遥的地方为市民建设了这个城市农田（如图 5.14）。这个农田由一系列种植床以及儿童活动空间组成，种有 200 多种蔬菜、水果、草药和花卉。可持续性也是该项目获奖的主要原因，该场地 70% 的面积是可渗透性的，采用滴灌系统以及有机虫害管理方式。

图 5.14 底特律城市农田

资料来源：ASLA 官方网站。

伦敦利德贺街（Leadenhall）的城市农场同样源自对闲置地块的使用（Gorgolewski，2011）：该地块原本要建成 47 层的商业建筑，由于 2008 年经济衰退而暂停，于是该地块的开发商组织了设计竞赛，为这个面积约为 4000 平方米的地块寻找临时的用途，工程预算为 12.5 万英镑（每平方米造价约合人民币 310 元，目前我国的市政景观工程造价约为每平方米 200—500 元，因此这是一个相当低的工程预算）；城市农场方案是 13 个获奖方案之一（如图 5.15）；该方案意图创造一个对公众开放的城市农场，通过日照分析制定季节性的种植策略，并设置集市和便捷厨房售卖农场的产品。

第三节 本章小结

本章从城市规划和城市设计两个层面对农业生产空间与城市的联合进

---

① ASLA 官方网站：http：//www.asla.org/2012awards/073.html。

图 5.15　伦敦 Leadenhall 街的城市农场

资料来源：Gorgolewski，2011。

行了分析（见表 5.10）。将城市农业纳入城市法定规划是城市农业摆脱灰色身份、获得合法地位、在城市中顺利发展的重要前提。而在城市法定规划体系中，控规由于其承上启下的地位，是纳入城市农业的最佳规划层次。鉴于城市农业在我国目前的接受度并不高，控规适宜以指导性的方式从定性和定量两个方面鼓励在城市规划建设中进行城市农业的思考。定性的思考：城市建设用地对农业生产活动兼容性的规定；定量的思考：以绿地率奖励的形式确定农业生产面积指导性指标体系。相较于城市规划层面，城市农业在城市设计层面的发展更为成熟，笔者总结为城市尺度、社区尺度、建筑尺度以及场所尺度四个层次，分别说明每种尺度的空间要求、特点、实践意义以及在我国推行的可能性。

表 5.10　　　　　城市规划和城市设计中的农业生产空间

城市规划（控规）中的农业生产空间	定性	城市建设用地对农业生产活动的兼容性
	定量	农业生产面积的指导性指标体系
城市设计中的农业生产空间	城市尺度的农业生产 （连贯式生产性城市景观、生产性城市）	
	社区尺度的农业生产 （社区复兴农场、新型生产性居住社区）	
	建筑尺度的农业生产 （屋顶农产、生产性建筑、垂直农场）	
	场所尺度的农业生产 （生产性景观、城市广场农场）	

第六章

空间联合之二：
兼农的城市空间模式

在确定了城市农业生产空间在城市规划中的合法地位以及对可能的城市农业生产空间进行考察后，本章将城市农业生产、运输、分配、食用及回收的全过程与城市联合，以形成与农业活动兼容的城市空间模式（见表6.1）。如上章所述，城市农业生产可以在城市、社区、建筑以及场所的尺度中开展，而要将农业全过程与城市空间联合，同时满足城市农业分散式系统的需求，则需要在具有一定自组织性的尺度上展开，这个适宜的尺度是城市中的各类社区。同时，由于农业的多种功能并非均质、无差异地体现在所有的场所中，而不同区位、不同收入、不同年龄阶段的人群对于农业多种功能的期望也不同，因此，需要针对这些不同提出具有针对性的模式，社区的尺度能够很好地体现出这些社会要素的差异性。因此，本章将基于社区建立与农业联合的城市空间模式，即兼农的城市空间模式。

表6.1   **本章分析内容**

农业在城镇化深度发展阶段背景中的多种功能		
农业的多种功能	经济功能	农产品
	环境功能	减少碳排放、闭合生态循环、生物多样性
	景观功能	生产性景观存续、开放空间（娱乐、休闲）
	社会功能	粮食安全、食品安全、社会保障、生活方式、地区活力、社会融合
	文化功能	文化艺术传承、科研教育

续表

农业在城镇化深度发展阶段背景中的多种功能					
农业对城市的整合机制					
		生产	运输	分配	食用	回收
农业对城市的整合：联合生产	空间联合：兼农的城市空间模式	绿地 广场 建筑 闲置地/荒地	城市道路系统	农贸市场 小菜店 蔬菜配送点 农夫集市	餐馆 食堂 咖啡厅 餐饮点	垃圾回收点 堆肥设施 污水处理设施 能源设施
	技术联合：闭合的城市食物系统	温室种植技术 屋顶种植技术 水培种植技术 容器种植技术	/	/	/	有机垃圾回收 分散式生态卫生系统
	行为联合：双向的多元参与机制	政府、社区、企业/俱乐部、个人				
城市对农业的响应机制					
城市对农业的响应：公共物品供给	公共物品供给	政府供给（各级政府、规划部门、建设部门、城市管理部门） 社区供给（社区、物管、业委会、市民联合组织、NGO） 俱乐部供给（企业/俱乐部）				

第一节　基于社区的兼农的城市空间模式

一　社区内涵

基于土地权属、生产管理、收益分配等原因，城市农业活动大多在社区的尺度上开展。这里的社区既包括传统意义上的地区社区，也包括由经济生活、社会交往以及社会心理认同所形成的时间社区。

随着城镇化发展以及随之而来的个体社会和地理流动性的日益增大，个体和地域之间原有的密切联系被切断，不同于依托亲缘关系形成的乡村，城市成为一种社会网络，社会关系凌驾于亲缘关系之上，传统的家族式社区解体（根特城市研究小组，2005），随之出现了基于集体化公共机构之上的社区形态——单位公房社区。随着城镇化进入快速发展阶段，城市中个体的社会和地理流动性进一步增强，基于单位公房社区的社会结构也被打破。同时，生活方式和居所的选择可能也日趋多样化，单位公房社区逐渐被商品房社区取代。然而新型的社会结构并不仅仅只基于商品房社区，基于价值观和文化认同的"社团"或者说"俱乐部"等抽象的社区越来越普遍。

针对这种现象，黑川纪章先生认为"时间社区"将会代替古典意义上的"地域社区"成为新的"情绪安定机构"。他认为在无界限的流动社会中，在一天 24 小时各种时间段中，会产生出小规模的新的社区。工作单位、公园、街巷甚至 NGO、俱乐部都可以创造出以社会交往为中心的情绪安定机构，黑川先生将这种社区与以往的地域社区相对，称为"时间社区"。"人类在以自己的家庭作为生活基地的同时，以此为出发点，接连不断地变换着抚慰心灵的场所，度过一天 24 小时的生活。"（黑川纪章，2011）

二　兼农的城市空间模式分类

不同于单纯以风景观赏为主要目的的生产性景观，城市农业作为完整的闭合的食物系统需要参与者持续不断地付出劳动和关注，因此，可能的生产空间和该空间所维系的相对稳定的社会群体同样重要。在这样一个具有归属感的地区，人们共同享有农业生产土地或空间的使用权，归属于相同的管理主体，并共同在农业活动中受益。同时，这样的地区通常具有相对完善的配套服务设施，有利于形成包括生产、运输、分配、食用、废物回收在内的完整的地区食物系统。

根据农业活动对城市空间干预程度的不同，兼农的城市空间模式分为嵌入提升模式和整合重构模式。需要指出的是，对农业的商品和非商品的需求具有差异性，在很多情况下都与城市区位和与之对应的人群相关。因此，根据前一章中对于城市建设用地对农业生产活动兼容性的分析以及社区的内涵，笔者将我国城市农业活动的基本单元划分为：兼农的居住社区、兼农的校园、兼农的商务商业区、兼农的单位/工厂。在这些地区原有的功能上，联合农业功能并以此提升地区品质。但是由于现状的限制，在这些地区，农业活动难以发挥经济、环境景观和社会文化的全方位功能，因此，以整合重构模式形成围绕农业相关活动进行建设的城市农业综合社区，全面发挥农业的多种功能，并为其他兼农的城市社区提供智力支持和技术支撑。城市农业综合社区、兼农的城市社区与普通社区编织在一起，形成兼农的城市空间模式（如图 6.1）。

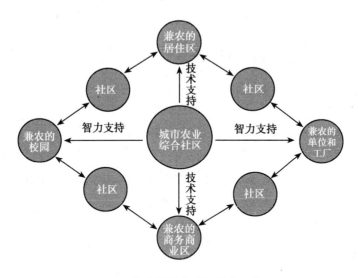

图 6.1　兼农的城市空间模式示意图

三　兼农的城市空间模式内涵

根据农业城市主义的思想内涵，形成兼农的城市空间模式可以从四个方面着手。首先，针对城市农业的多种功能，分析城市社区的功能需求，找到城市农业活动与城市社区的"联合点"，即该社区对农业活动的主要功能需求。如前文所述，城市农业的多种功能并不是无差别地体现在所有的城市空间中，而人们对于其中某些功能的需求将会直接影响到城市农业的空间、技术以及行为，因此，确定"联合点"是必要的。其次，将农业生产、运输、分配、食用、回收空间与社区空间及相关设施进行联合，以形成兼农的社区空间。再次，将农业生产与回收所涉及的关键技术与社区生态卫生设施进行联合，以形成闭合的社区食物系统。最后，考察农业活动涉及的行为主体与政府、社区或企业等行为主体的关系，确定恰当的城市农业参与机制（如图 6.2）。需要说明的是，尽管本章着眼于空间联合与兼农的城市空间模式的构建，但为保证模式的完整性，将会涉及技术联合和行为联合的相关内容。

第二节　嵌入提升模式——兼农的城市社区

通过嵌入提升模式形成的兼农城市社区保持原有的基本功能不变，农

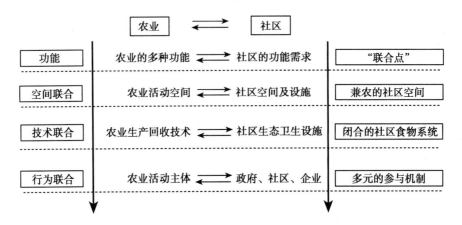

图 6.2　兼农的城市空间模式内涵示意图

业空间嵌入社区空间，将食物系统与社区原有生态卫生设施整合在一起，形成新型的生产性社区公共空间和闭合的社区食物系统，提升社区经济、环境和社会功能。该模式普遍适用于城市中的居住社区和其他时间社区。

一　兼农的居住社区

（一）居住社区对农业的功能需求

（1）居住社区中农业活动的经济功能

城市居住社区是城市最基本的构成单元，是人们生活起居的场所，食物的获得是人们日常生活中必不可少的环节，对便利的食物来源的需求使城市农业活动容易在这样的空间中获得认可。在食品价格飞涨与食品危机频繁爆发的背景中，就地种植食物面临巨大的需求，作为城市居民主要聚居地的社区，应该是农业进入城市的重要实践场所。我国自发的城市农业实践也证明了这一点，多数农业活动均是发生在居住社区中，笔者的调查也显示，被调查者普遍希望居住社区中有可以合法开展农业活动的场所，就近获得新鲜食物是城市居民的迫切需求，也是目前社区管理中迫切需要解决的问题。

（2）居住社区中农业活动的环境景观功能和社会文化功能

农业活动所具有的经济功能使城市居民在面临食物价格波动和食品安全问题时本能地就近开展农业活动。此外，农业活动还具有闭合社区食物循环和供给新型交往空间的环境和社会功能。

前文曾经提及，单纯的物理层面的混合居住难以解决居住隔离问题，社会融合是一种化学反应的产物，农业活动可以成为一种激发社区交往的"催化剂"。作为维系人基本生活需求的农业活动几乎没有年龄门槛、性别门槛、收入门槛和阶层门槛，具有巨大的包容性和"黏性"，在提供独特的社区开放空间、新型交往平台、倡导健康生活方式、促进地区活力和社会融合的层面上，农业活动有着无可比拟的优势。

在笔者的调研中，部分被调查者表示曾因为社区中的农业活动与陌生邻居产生良性互动，这种互动或为对陌生作物的好奇，或为对茁壮作物的赞美，或为园艺技能的请教。笔者本人也曾有与陌生邻居攀谈有关他所搭建的黄瓜棚并获赠一条新鲜黄瓜的经历。然而，除这类良性互动外，不可否认的是，社区中也屡屡出现因农业活动产生的冲突，如居民由于饲养鸡鸭、乱搭建棚架、破坏公共绿地、侵占公共空间等产生的矛盾。这也从反面说明社区农业活动急需引导，在合理、恰当的引导管理之下，可以尽可能消除社区农业活动的负外部社会效应，最大化正外部社会效应。同时，城市居住社区有着明确的管理主体，通常情况下，有较为完善的配套设施，如小菜场、小超市、垃圾站等，这些空间和设施均可以与农业生产空间和设施整合在一起，形成闭合有机循环的可持续的兼农社区。

此外，作为中国城镇化的特殊产物，城中村也是城市社区的一种，但它始终与脏乱、落后等消极词语联系在一起，成为中国城市中的"贫民窟"，然而，消极的空间总是存在积极的转化可能。留美华人学者文贯中先生在《"城市化"无法避免"贫民窟"》中指出：正是因为存在贫民窟，才使得城市特别有活力。加拿大记者道格·桑德斯（Doug Saunders）将这类乡村移民聚居的区域称为"落脚城市"。这位加拿大记者认为，这些过渡性空间为迁移人口（尤其是从乡村到城市的迁移人口）在正式进入城市社会之前提供了落脚之地，使来自乡村的新进人口能够在主流社会的边缘站定脚步，从而谋取机会把自己和自己的下一代推向都市核心，以获得社会的接纳。他同时提示：这些过渡性的空间既可能是下一波经济与文化盛世的诞生地，也可能是下一波重大的暴力冲突的爆发地。究竟走上哪条路，则取决于我们是否有能力注意到这样的发展，以及是否愿意采取应有的行动（道格·桑德斯，2013）。城中村具有很强的包容性，对城中村的改造不仅仅是城市形象的需求，更需要"包容"城中村的"包容性"。城中村有着复杂的空间、社会和经济问题，从城中村出现到如今的城中村改造，争议、质疑不断，到目前为止，并没有公认的完善的改造模式，但粗暴的、一味驱赶农民上楼的模式则是受到各方批评的。从城市农业的角度来看，作为被城市吞噬的村庄，这一地区仍然保留着农业活动的传统和记忆，这一地区的人们仍然有从事农业活动的习惯和向往，在某种程度上，是城市农业活动最有可能持续发展的地区。在城镇化过程中为村庄保留部分农地或者重新引入合法的农业活动，或许可以为之提供一种与城中村"基因"对接的新发展思路。

因此，城市居住社区对城市农业活动有着最多的期望，几乎涵盖了城市农业的所有功能，其中，最主要的是经济功能——提供农产品，主要通过空间联合实现；环境景观功能——实现废料和食物循环，提供新的开放空间，主要通过技术联合实现；社会文化功能——配合缓解食品安全问题，为城市贫困人口提供一定的社会保障，倡导健康的生活方式，激发地区活力和促进社会融合，主要通过行为联合实现。

（二）农业与居住社区的空间联合

居住社区生产空间的选择需要根据社区空间结构、交通组织、日照分析、居民意愿、现存公共空间的利用方式等进行选择。从农业的角度审视，在居住社区中，农业生产、运输、分配、食用和回收的全过程均能开展，因此，兼农的居住社区是嵌入提升模式中最为典型的一种类型。在农业与居住社区的空间联合中，居住社区中的部分绿地、由于开发时序造成的闲置地、由于管理不善造成的荒置地或者产权清晰的建筑屋顶都可以成为潜在的农业生产空间，在这些生产空间中可以配置工具室、温室和食品工作台以方便就地处理食品。杭州的湖滨街道涌金门社区居委会即联合辖区单位杭州市农业局在社区自行车棚顶以及楼道上搭建了菜园（如图6.3）。

运输空间利用社区慢行系统，满足居民就近开展农业活动的需求。分配空间除社区原有的超市、菜场外，可以增加社区小菜店以及食品配送点。近来，社区小菜店发展迅速，笔者所住小区楼下已有三家小菜店开张，且非常受居民欢迎。这些小菜店一般采用直销方式，省去中间环节，价格较低，交通更为便捷，可以成为菜场的有力补充。社区小菜店和配送点均可以作为社区农业产品的分配空间，以有偿或者免费的方式供给社区居民。社区农场生产的产品可以供给社区食堂，同时可以配置户外餐饮点，用于节庆或丰收的社区庆典。在回收空间设置上，结合社区垃圾收集点、垃圾转运点配置堆肥设施，将生产到食用各个环节的有机废物进行回收，用于生产有机肥料并在生产过程中进行循环利用（如图6.4）。

图 6.3 杭州湖滨街道涌金门社区车棚菜园

资料来源：《杭州开出首个车棚菜园》中新网 http：//www.chinanews.com/tp/hd2011/2013/07 - 15/224829.shtml。

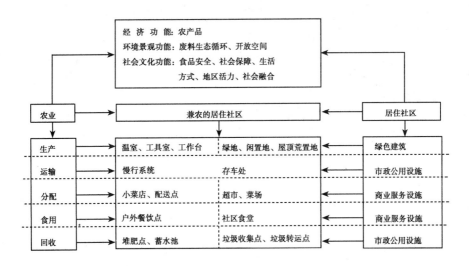

图 6.4 农业与居住社区的空间联合示意图

（三）农业与居住社区的技术联合及行为联合

如前文所述，技术联合是指将农业的生产和回收过程整合到城市的生态卫生基础设施结构中，以形成闭合的城市食物循环系统。行为联合是指将农业的生产、加工、运输、分配、食用和回收中所涉及的行为主体整合到统一的平台中，以形成双向的多元参与机制。技术联合和行为联合同为空间联合的支撑体系，技术联合使空间联合的实现成为可能，行为联合使空间联合的维持成为可能。

在技术联合中，最为主要的就是考察农业生产技术、回收技术与城市基础设施的联合，以形成闭合的社区食物、生态系统。这其中主要涉及社区的养分循环、水循环和能源循环。在传统的城市废弃物处理模式中，社区的各种废物进入市政管道进行集中处理，因此，社区的养分、水以及能源都呈线性的输入、输出方式。城市社区是城市生活垃圾主要的来源地，如果可以在社区的层面实现闭合的有机循环，将会有效减轻城市集中垃圾处理系统的压力，这就要求必须对社区废物进行源头处理，就地回收。

在兼农的居住社区中，农业成为闭合社区生态循环的重要一环，农作物的种植、灌溉和施肥可以与社区食物供给、污水处理、有机垃圾处理有效地整合在一起（如图6.5）。在居住社区的养分循环中，农业生产为社区供给食物，食物消耗后的厨房垃圾与庭院垃圾进行就地堆肥，营养物质返回土地，继续进行农业生产；在水循环中，雨水直接进入蓄水池，灰水和黑水分别收集和处理，输出灌溉用水、液体肥料和污泥，用于农业灌溉、施肥和土壤改良；在能源循环中，利用集热器收集太阳能并用于屋顶温室进行农业生产，屋顶的农业生产又可以协助调节建筑物室内温度。这

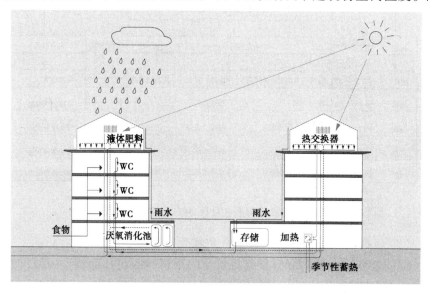

图6.5　农业与居住社区的技术联合示意图

资料来源：Graaf，2011。

种将农业活动与社区分散式生态卫生系统结合的方法使社区在就地补充部分食物的同时，也可以就地处理部分有机废物，减少社区的废物输出，将线性的输入输出系统转变为闭合的环状循环系统。

如前所述，社区中的农业同时也是一种新型的社区交往活动，在良好的管理和引导下，可以促进社区融合，提升社区活力。在社区农业活动中，涉及的行为主体包括社区业主委员会、物业以及居民个体，目前也并没有固定的社区农业管理主体和管理模式，还需要在实践中不断探索。同时城市农业也是具有一定技术要求的活动，需要部分专业技术人员的帮助和支持，尤其是在生产、堆肥以及废物回收的过程中，因此，分散式的卫生系统同时可以创造一定的就业机会。在我国目前的情况下，采用劳动密集型的技术联合对兼农的城市社区来说在技术上是可行的，而行为联合则使兼农的城市社区能够持续运营下去，并持续发挥农业的社会文化功能。在杭州湖滨街道涌金门社区的车棚菜园探索过程中，社区居委会作为管理主体，社区志愿者参与具体的菜园养护过程，杭州市农业局为菜园提供技术支撑，菜园产出由社区统一转送给附近居民、困难家庭以及低保户。

二 兼农的校园

（一）校园对农业的功能需求

在城市越来越大、乡村越来越远的时候，就近的农业教育应该是城市校园所承担的职能之一。农业承载着大量的人类智慧和自然哲理，而这些知识是城市人尤其是年轻人普遍缺乏的，在现代教育中也是缺失的，因此，在校园中开展农业教育是非常必要的。此外，对于中小学生来说，校园农业具有易达、安全、易于监管的优势。

在我国的校园城市农业实践中，中国美院象山校区的农田以及沈阳建筑大学的稻田是城市校园农业的先行者（如图6.6）。但是，目前这两所学校的农田均主要是作为景观要素而存在，由校方进行管理。我国较早的由学生管理的校园城市农业实践出现于2008年，北京林业大学的学生向校方递交了校园农耕项目"翱翔农庄"申请书并获得了批准，由此开展了由学生社团进行管理的校园农业实践，这个农庄实际在运作过程中，也成功地解决了堆肥、农药等技术问题，因此，农庄也同时成了环境教育基地。

可见，文化艺术传承和科研教育是校园农业的最主要功能，并可以根据学校、学院以及学科的特点，将知识传授、实践实验等教学内容与农业活动

图 6.6　沈阳建筑大学的稻田

资料来源：中国建筑报道网，http//www. archreport. com. cn/show - 6 - 3388 - 1. html。

相联系。同时，农业活动可以明显提高地方生物多样性，运作良好的农业系统会成为蚯蚓、蜜蜂、蝴蝶等小型生物的乐园，是低龄学生的自然课堂。

（二）农业与校园的空间联合

校园生产空间同样可以利用部分绿地、闲置地、荒掷地或者建筑屋顶，此外，可以根据教学要求设置工具室、温室、工作台以及田间实验室。农产品可供给学校食堂或制成礼品出售。同时，校园生产空间还可以将教育宣讲空间、展示空间、娱乐休闲活动空间及户外餐饮空间结合，用于教学、展览、休闲及庆典活动，并设置堆肥设施和蓄水池，用于有机废物的回收和灌溉用水管理（如图6.7）。

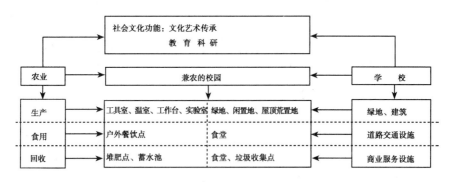

图 6.7　农业与校园的空间联合示意图

（三）农业与校园的技术联合及行为联合

实际上，兼农的居住社区模式提供了嵌入提升模式的范本，其他类型的兼农城市社区只需在这个模式的基础上针对社区的特殊需求进行增减即可。与居住社区相比，校园对于城市农业具有更大的包容性，出于教育、实验的需求，校园中的农业活动可以纳入小型家禽的养殖，家禽排泄物进入生态卫生系统进行处理（如图6.8）。在种植技术上可以选择更为灵活的可移动容器种植技术，以便利用零散空间并根据学校特点和需求创造不同氛围的交往空间。

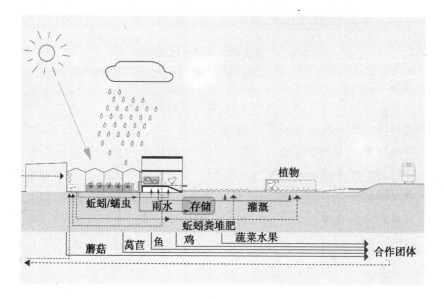

图6.8　农业与校园的技术联合示意图

资料来源：Graaf，2011。

校园中的农业活动主体主要包括校园管理方、后勤部门、学生社团等，根据学校的特点，行为管理模式也相应不同。通常在中小学，校方以及后勤部门应作为主要的管理主体，在大学则更加鼓励学生社团、研究机构作为管理主体。如蒙特利尔麦吉尔大学（McGill University）的可食校园项目（Edible Campus）是在学校的一个研究机构以及两个非营利组织的合作中展开的，并以招募志愿者的形式进行日常管理（Bhatt，2009）（如图6.9）。

三　兼农的商务商业区

（一）商务商业区对农业的功能需求

城市中的商务商业区看似与农业活动并无任何关系，但在中国的城市

图6.9　麦吉尔大学可食校园项目

资料来源：http://www.insideurbangreen.org/edible–campus—mcgill/。

农业实践中可以发现，城市农业的需求主体包括两部分，一部分是城市中的弱势群体，出于休闲和对廉价食品的需求，自发地进行就近种植活动；另一部分是城市中的中等收入群体，出于对健康生活方式和安全食品的需求，进行城市农业活动或购买安全食品，并且这部分人是目前中国城市农业活动的主要群体，这一结论也在北京的"小毛驴市民农园"对于成员特征的分析中得到了证实（程存旺等，2011）。

城市中的商务商业区是城市中等收入群体的集中地区，具有潜在的欢迎城市农业活动的意愿；同时这一地区通常具有完善的商业配套服务，具有农产品就近加工、分配和食用的潜在可能。这一地区通常也是作为城市客厅的城市广场所在地，应该成为宣传城市农业的重要窗口。在我国目前的实践中，位于武汉的K11购物艺术中心整合了"垂直绿化墙"和"都市农庄"，利用一处500多平方米的室外平台进行农业活动，在种植中使用了雨水循环系统、营养合成系统、太阳能等科技手段进行种植，在城市商业区植入了农业的种子。

可以认为，商务商业区对农业活动的主要需求有：经济功能——提供农产品；环境景观功能——减少碳排放，提供开放空间；社会文化功能——倡导健康的生活方式，增加地区活力。

（二）农业与商务商业区的空间联合

商务商业区出于用地经济性的考虑，农业生产空间可利用建筑屋顶或建筑立面，根据情况设置温室和工作台。城市道路系统可以将生产空间与其他空间相连。农产品就近供给超市、商店，城市广场空间可以定期举办农夫集市，出售农产品。农业生产空间可与相邻餐厅、咖啡店、烘焙店等餐饮机构建立供给联系，并设置户外餐饮点，用于饮食庆典活动。生产空间附近还可以设置堆肥点和蓄水池，或结合垃圾收集点设置（如图6.10）。

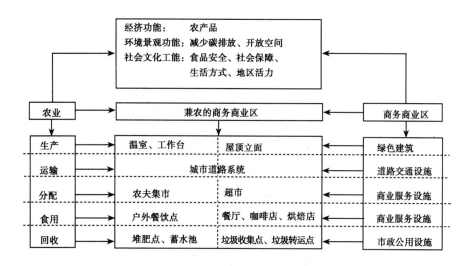

图 6.10　农业与商务商业区的空间联合示意图

（三）农业与商务商业区的技术联合及行为联合

目前商务商业区多由建筑综合体构成，因此，农业与商务商业区的技术联合更多地考虑农业生产回收技术与生态建筑技术的联合，如温室与建筑屋顶的整合，水培技术与建筑立面的整合，以及与建筑生态卫生系统的整合（如图 6.11）。城市的商务商业区是城市活动主体最为多元的地区，包括各阶层、各行业的个体或组织，因此需要由较高层次的管理主体或者该区域的开发主体将农业活动与餐饮、休闲、娱乐等多个领域的相关团体进行整合。如前文所提及的底特律城市农田由城市公共部门进行管理，伦敦利德贺街（Leadenhall）城市农场则由地块开发商进行管理。上海凯德七宝购物广场的屋顶农场则由商场与设计单位共建，并将农场建设与商场业态进行组合经营。

四　兼农的单位／工厂

（一）单位／工厂对农业的功能需求

单位、工厂等城市机构通常有独立的明确的用地范围和管理主体，在环境条件良好的前提下，可以开展农业活动。事实上，在 20 世纪 60

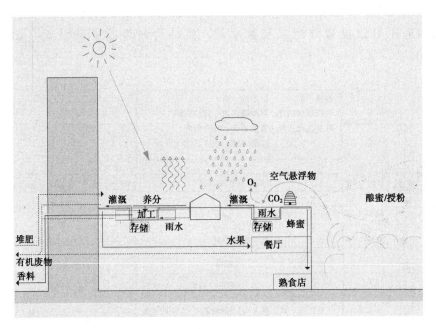

图 6.11　农业与商务商业区的技术联合示意图

资料来源：Graaf，2011。

年代初的困难时期，我国就曾在工厂中开展过农业生产，以供应职工食堂（苏雪痕，2010）。而对于现在的单位和工厂，城市农业可以提供新的职工休闲场所，根据单位/工厂性质，城市农业活动还可以成为宣传单位/工厂形象、展示产品的场所，或者成为生态厂房、生态园区建设的组成部分之一。上海川沙开能净水公司屋顶农场菜园的建设即为了满足职工休闲需求，并在建设中植入了公司的净水设备，借此展示公司产品和形象。

（二）农业与单位/工厂的空间联合

单位/工厂的屋顶空间以及具有良好日照、无土壤污染问题的部分绿地、闲置地、荒掷地均可以作为农业生产空间，并配置工作台，有需要的情况下可以建设温室。此外，农产品可供给单位食堂或作为员工福利。生产空间可以将休闲活动空间及户外餐饮空间结合，供员工休息时间使用，并设置堆肥设备和蓄水池，用于有机废物的回收和灌溉用水管理（如图6.12）。

（三）农业与单位/工厂的技术联合及行为联合

单位/工厂通常有实物的产品产出，这是这一社区单元与其他城市社

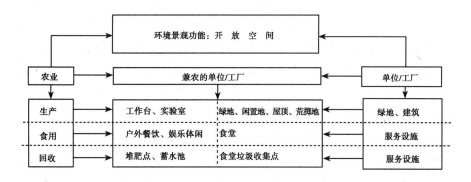

图 6.12　农业与单位/工厂的空间联合示意图

区单元的显著区别。在农业与单位/工厂技术联合的过程中，应尽可能利用这一特点，与单位/工厂的产品相联系，利用该单位/工厂的技术、产品或废品进行农业生产和回收，或将农业生产和回收整合到单位/工厂的工艺流程中，将农产品作为工艺流程的副产品之一。开能净水公司屋顶农场的灌溉系统即与公司的净水系统组织在一起。此外，在生产过程中通常会产生废水、废热，同样可以用于农业生产。单位/工厂的农业活动主体相对比较单纯，通常由单位/工厂管理方进行管理即可。在开能净水公司屋顶农场的建设实践中，项目组与开能集团合作，采用了一种共建的方式进行农场的运作和管理，也是值得借鉴的管理模式。

第三节　整合重构模式——城市农业综合社区

与嵌入提升模式相比，整合重构模式旨在形成以农业为主体功能的新型的城市综合社区。在这个城市农业综合社区中，农业从生产到回收的整个过程被系统地组织在一起，并根据基地现状和区位需求，整合其他相关功能，围绕城市农业活动形成新型的以农业活动为主体功能的多功能农业综合社区。

上一节中通过嵌入提升模式形成的兼农城市社区均不改变原有社区的主体功能，以尽可能小的干扰模式将农业生产和回收系统嵌入。这种模式阻力较小，较易推广，具有广泛的应用性，但由于现状的限制，很难全面发挥城市农业的多种功能。此外，为了嵌入提升模式的顺利推行，城市中也需要具有示范作用的能够综合展示城市农业多功能性的空间，并利用此类空间研发新的城市农业技术，为其他兼农的城市社区提供智力支持和技术支持，形成城市农业网络体系，带动所在地区城市农业的整体良性发展。因此，笔者提出通过整合重构模式形成城市农业综合社区，与此同时，将城市农业综合社区作为后继实践和研究的理想化模型基础，以期在实践中部分落实该模型，并利用实践反馈反向修正该模型。

城市农业综合社区由于以农业活动为主体功能，且功能综合，所需空间多样，显然无法在城市常规的空间和功能区域通过嵌入的模式进行，势必需要更宽松的政策环境和更充足的空间。前文提出，对城市建设用地与农业活动关系的研究存在两个方向：一是在城市建设用地分类中增设城市农业用地大类；二是对现有各类城市建设用地对农业活动（包括从生产到有机废物回收的全过程）的兼容性进行分析。尽管创造新型的城市农业用地是农业城市主义的方向和目标，并已经在美国的区划代码调整中得到落实，证实了其可行性，而且在其他学者的研究中，也曾提出在城市用地中增设新型的城市农业用地；但是，在我国目前的情况下，如果将这一假设和提议作为我国城市农业发展的前提，则实际上为城市农业的发展设置了巨大的障碍。因此，缓慢迈一大步和小步快走相比，笔者仍然倾向于选择第二个方向，即首先在城市中寻找满足城市农业综合社区要求的非常规的空间，以开启城市农业综合社区的建设。

城市中待复兴的工业用地或许具备建设城市农业综合社区的潜力。实际上，利用城市里的棕地建设社区农园已经成为世界城市农业发展的一种模式，前文提到的芝加哥都市规划机构制定的区域规划中即明确规定棕地复兴基金可以并且应该用于支持社区农园和农夫集市的建设。在我国，近年来，衰败工业用地复兴的课题由于工业用地的区位优势、历史价值、工业文化价值、艺术价值等诸多原因一直倍受重视。总体来看，现有的工业用地复兴模式主要有四类，包括博物馆开发模式、景观公园开发模式、综合商业中心开发模式和产业园区开发模式。这其中，尤以产业园区的开发模式为多，这已经成为工业用地复兴的常规思路。这种模式通常不改变原土地性质，不改变房屋产权，不改变房屋主体建筑结构，并鼓励实践新型的产业结构、就业结构、管理模式和企业形态。因此，待复兴的工业用地是城市中具有极大弹性的空间，也是城市新兴事物的汇聚地。此外，待复兴的工业用地所在的城市社区也通常面临社区衰退的困境，在不诉诸城市常规空间的前提下，城市农业这种新鲜事物或许也能够在这个鼓励创新的空间中获得一席之地，形成新的城市农业综合社区开发模式，并协助社区复兴。

当然，这并不意味着重构整合模式仅限于此类用地，随着城市发展，新的问题、新的用地类型都有可能出现。在本书中，作者仅以目前城市中最有可能、能够最快满足城市农业综合社区建设需求的用地为例进行该模式的说明，实际上，脱离开城市棕地，该模式仍然具有理想模型的意义，并便于在不同种类的城市用地和空间中进行模型的部分落实和实践。

一　城市农业综合社区的功能模块

在备受关注的德国鲁尔区的棕地复兴计划中，农业也是重要的组成部分，被用作大地景观的元素（波罗·伯基，2010）。本书的城市农业综合社区模式以城市棕地作为该理论模型的城市建设用地背景，以农业作为地区活力的生长点，并根据农业的多功能性，围绕农业活动形成具有经济效益、环境景观效益和社会文化效益的综合社区（见表6.2）。

表6.2　　　　　　　　　　城市农业综合社区功能、空间分类

城市农业功能分类	经济功能	环境景观功能	社会文化功能
城市农业综合社区空间分类	农业生产空间 农产品加工空间 农产品销售空间 餐馆	农业生态系统 农业景观	农业庆典、农业集市 烹饪技术、生态技术课堂 农业教育培训机构 农业科研开发机构

从地块开发的角度考量，不同于嵌入提升模式中形成的兼农居住社区、校园等，城市农业综合社区是否具有相应的经济效益是该模式是否能够得到落实的前提。该模式具有如下特征：健康、高质量的初级农产品用于直接销售或在传统工艺下进行加工用以销售，并供给此地的餐厅、烘焙房；在此过程中产生的有机废物和废水进入场地中的分散式生态卫生系统进行处理；结合农业生产空间提供农业教育培训服务，为其他城市农业地区提供智力支持，也可作为学生的第二课堂；根据需要配置城市农业科研开发场所，为其他城市农业地区提供技术支撑；利用此地农产品，开设烹

饪课程，传授饮食文化；在开放空间中举办定期的农夫集市和农业庆典，形成完整的多功能的城市农业综合社区。

本书在一开始就开宗明义，农业城市主义并不是强硬的农业植入，即使在农业综合体的模式中，农业活动也必须分析周边区位的功能需求，将区位的功能需求与农业活动进行整合，并对周边社区开放，补充和提升地区公共设施，满足地区发展要求。在引入能与周边地区有机联系、产生内外联动效应的功能形成农业综合社区的功能模块后，这个功能模块将在建设和发展过程中对周边地区产生有益的渗透，施加持续的影响（如图6.13）。在大河造船厂城市农业综合社区案例中，即对地块周边区位要求进行了详细分析，并围绕农业活动确定了功能模块（如图6.14）。功能模块的确立将结合该案例在第八章进行详细分析。

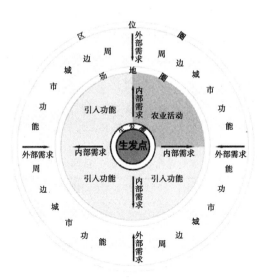

图6.13　城市农业综合社区功能分析示意图

二　城市农业综合社区的联合生产

该模式根据农业综合社区的功能模块和地区空间现状，对空间进行整合和重构，并根据现存建筑或新建建筑的区位及结构特点，分别将其用作农业生产、分配、食用和回收空间。在城市农业综合社区中，社区内的建筑单体，无论是改建还是新建，均应处于由农业活动组织起来的有机的功能联系之中，而非孤立的个体；建筑内的行为须能够通过生活方式与农业

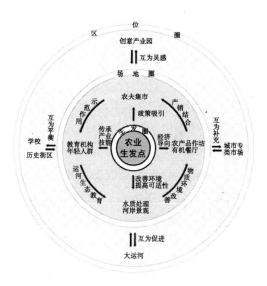

图 6.14　大河造船厂城市农业综合社区功能分析示意图

活动方式的相互联系、渗透，使地块成为有机整体，这比单纯着眼于建筑单体的物质空间改造更为重要。

　　城市农业综合社区由于具有相对宽裕的空间和重新建设的便利条件，因此能够完整地将农业从生产到回收的技术体系与社区分散式卫生系统整合到一起，成为城市农业环境生态示范区域。城市农业综合社区可以根据场地特点综合运用包括温室、屋顶、水培以及容器种植在内的各种城市农业种植技术，并利用社区生态卫生系统回收社区污水和有机垃圾，将回收得到的有机肥料返回农业生产中。在大河造船厂综合社区案例中，由于该社区同时担负着提供社区开放空间的职能，因此该案例将农业生产、分散式卫生系统与生物处理技术结合，形成了景观式的污水处理系统。

　　城市农业综合社区由于功能多样，涉及了包括普通市民、农业从业者、餐饮业从业者、教育从业者、科研开发人员等在内的多元的人群，因此，需要社区级别的管理机构进行日常管理和协调，如利用城市待复兴的工业用地进行建设，则通常应该由开发主体进行管理。与其他兼农的城市社区不同，城市农业综合社区不仅致力于协调社区内部多元的参与主体，同时作为地区的公共服务提供者和其他兼农城市社区的示范者，城市农业综合社区也应该致力于联系地区的城市农业活动主体，构建地区城市农业活动平台。本书将在第八章以杭州大河造船厂城市农业综合社区案例详细说明整合重构模式。

第四节　本章小结

本章从农业生产、运输、分配、食用以及回收的全过程考察农业与城市的空间联合。作者分析了在城市社区的空间尺度和社会尺度中联合农业活动的完整过程，及形成以社区为基本单元的兼农的城市空间模式。根据农业与社区联合程度的不同，作者将兼农的城市空间模式分为联合程度较低的嵌入提升模式和联合程度较高的整合重构模式。在嵌入提升模式中，城市社区保持原有的主体功能不变，在明确社区对农业功能需求的前提下，从空间、技术和行为三个方面将农业嵌入社区的空间、生态卫生系统以及日常管理中。整合重构模式形成的城市农业综合社区以农业活动本身为主体功能，结合城市功能需求，系统组织农业活动的全过程，并作为其他兼农城市社区的智力支持和技术支撑单元（见表6.3）。

表6.3　　　　　　　　嵌入提升模式与整合重构模式比较分析

	功能	空间联合	技术联合	行为联合
嵌入提升模式：兼农的城市社区	保持原有社区主体功能不变	生产空间：社区中的部分绿地、闲置地、建筑屋顶； 运输空间：社区慢行系统； 分配空间：小菜店、配送点； 食用空间：社区食堂、餐厅； 回收空间：社区堆肥点	农作物的种植、灌溉和施肥与社区污水处理、有机垃圾处理整合	根据社区类型确定管理主体
整合重构模式：城市农业综合社区	重构以农业为主的社区功能	所有社区空间均用于不同类型的农业活动	农业生产回收的技术体系与社区分散式卫生系统完全整合在一起	构建地区城市农业活动平台，为其他兼农城市社区提供智力支持和技术支持

第七章

技术联合与行为联合

第一节　技术联合：闭合的城市食物系统——从土壤到土壤

农业城市主义不仅在空间上是可能的，在技术上也是可行的。本章将对形成闭合城市食物系统的关键技术进行介绍（见表7.1）。

表7.1　　　　　　　　　　　　　　本节分析内容

农业在城镇化深度发展阶段背景中的多种功能		
农业的多种功能	经济功能	农产品
	环境功能	减少碳排放、闭合生态循环、生物多样性
	景观功能	生产性景观存续、开放空间（娱乐、休闲）
	社会功能	粮食安全、食品安全、社会保障、生活方式、地区活力、社会融合
	文化功能	文化艺术传承、科研教育

农业对城市的整合机制						
		生产	运输	分配	食用	回收
农业对城市的整合：联合生产	空间联合：兼农的城市空间模式	绿地 广场 建筑 闲置地/荒地	城市道路系统	超市 农贸市场 小菜店 蔬菜配送点 农夫集市	餐馆 食堂 咖啡厅 户外餐饮点	垃圾回收点 堆肥设施 污水处理设施 能源设施
	技术联合：闭合的城市食物系统	温室种植技术 屋顶种植技术 水培种植技术 容器种植技术	╱	╱	╱	有机垃圾回收 分散式生态卫生系统
	行为联合：双向的多元参与机制	政府、社区、企业/俱乐部、个人				

城市对农业的响应机制		
城市对农业的响应：公共物品供给	公共物品供给	政府供给（各级政府、规划部门、建设部门、城市管理部门） 社区供给（社区、物管、业委会、市民联合组织、NGO） 俱乐部供给（企业/俱乐部）

食物从土壤中来，又回到土壤中去。在这过程中，食物的生产者进行播种、养护和收割后，经销商在生产地区进行统一收购（通常远低于最终销售价格），通常情况下，乡村里的食物生产者在此时就退出了食物系统；这些食物被层层转运到城市的物流中心，再分配至各个菜场或超市，通常情况下，城市中的消费者在这个阶段才开始介入食物系统（消费者对于食物的来源一般并不关心）；在对食物进行加工处理及享用后，剩余的食物和不能食用的部分就被丢弃到垃圾桶中，消费者退出了食物系统，而通常不会关心垃圾桶中的食物要到哪里去、会被怎样处理、变成什么样子、被用在哪里。与此同时，生产者使用购买得到的无机肥料开始新一轮的种植活动。因此，在工业化的食物系统中，食物生产者与食物消费者是错位的，在他们之间并没有直接的联系，城市消费者仅仅参与了食物系统中很少的中间环节，并不知道食物从哪里来、到哪里去；而食物的生产者也由于早早退出了食物系统，既不能够享受食物的后继销售所带来的利润，也不能够得到食物回收后肥料的补给。这显然不是双赢的局面。而对食物系统的忽视所带来的问题已经逐渐在我们的城市中显现。不知道食物从哪里来：对食物的旅程缺乏监管，不透明的链条也开始让市民对食物系统丧失信心，更遑论市民缺乏农业教育所带来的更为长远的影响——尽管所有的孩子都熟读"粒粒皆辛苦"，却通常五谷不分，可见"绝知此事要躬行"。不知道食物到哪里去：实际上不仅仅是食物，通常情况下，城市人认为食物以及各种其他物品的供给是理所当然的，垃圾的处理也是理所当然的，对于日常生活中各种垃圾的去向并不关心，对于如何重复利用这些垃圾也缺乏认识。

目前各大城市开始尝试垃圾分类制度，并加大对市民的教育力度，这对于城市农业的推行是很好的契机。农业与城市生态卫生系统的联合可以形成闭合的食物系统，其关键在于生产和回收两个阶段。如果生产地靠近消费地，就可以大大压缩食物系统中的中间环节，减小食物足迹；而回收地靠近消费地，则可以利用分散的卫生设施就地处理餐厨垃圾及其他有机废物，并在生产地中重新利用。这些过程并不是孤立的，而是与城市生态卫生设施紧密整合在一起的（如图7.1）。

一　食物从哪里来：从土壤到餐桌

在上一章中，笔者已经探讨了城市中的农业生产空间的可能性。出于

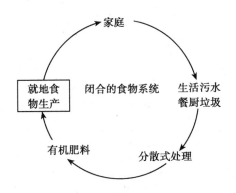

图7.1 闭合的食物系统示意图

对城市中常规空间回避的诉求，城市农业通常采用屋顶种植、立体种植等不同于一般农业生产的技术方法，以在城市环境中满足生产要求，同时这些技术均可以作为城市生态卫生基础设施进行利用，具有普遍的适用性。

（一）温室/屋顶种植技术（Greenhouse Technologies）

温室获取太阳能的能力是被动式节能设计的关键原则之一。温室技术有利于将城市农业融入城市空间：除了对太阳能的利用和保存、延长生长季节、提高产量、栽培暴露条件下难以存活的脆弱作物和外来作物外，还可以作为种植空间与城市其他空间之间的缓冲带。温室系统的范围非常广泛，既包括非常简单的简易温室（拼装随处可得的材料或者利用使用过的组件和设备改造而成），也包括利用精密的先进技术设计的温室。在欧美城市农业实践中，设计师已经为城市农业创造了许多巧妙的温室技术，这些技术对能源利用和作物生产都有显著作用。在旧建筑的农业生产性改造和新建筑的农业生产植入过程中都能看到温室技术的身影。温室系统和其他建筑部分和系统的整合还开始发展出新建筑形式和新建筑语言。与普通农业相比，城市农业中使用的温室技术更加集约，包括与建筑结合的垂直温室、独立的复合养殖温室，当然利用回收废物制作的简易温室更适用于自发的城市农业活动。

近年来，温室向结构更轻、跨度更大的方向发展。结合了轻量结构、水培生长系统的温室可以很容易与城市空间如屋顶进行结合，而更具有适应性的是垂直集成温室（Vertically Integrated Greenhouse，简称VIG）技术，它实际上可用作朝南无遮挡的建筑幕墙：这是由两层玻璃构成的建筑外墙，中间包括大块空气空间，与通风和太阳能控制系统以及水培系统集

成，这样的空间可以用于食物生产（如图7.2）；这个空间中包括两列水
培作物，用绳索牵引，在两层玻璃间慢慢循环；作物按理论上的生长周期
种植，一个简单的循环周期与给定作物成熟的周期相符合，这样，就可以
在第一层的固定位置进行作物的收获；水培作物可以像百叶窗一样倾斜以
便控制进入建筑内部的光线；VIG 同时是个热量缓冲区，吸收多余的太阳

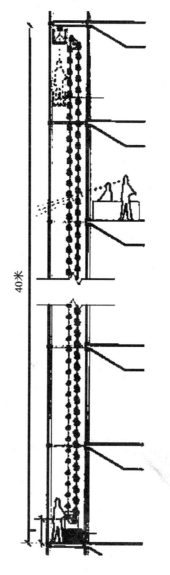

图 7.2 VIG 示意图

资料来源：Gorgolewski，2011。

辐射，用于生产，与此同时，使用者生活在郁郁葱葱的绿壳中；VIG 可以用于新项目，也可植入现存的建筑（Gorgolewski，2011）。

诸多设计师也将目光投向了城市农业活动所需的技术支撑系统。安东尼奥·斯卡尔波尼及其设计战略合作伙伴"概念设备公司"（Antonio Scarponi ∕ Conceptual Devices）与苏黎世的"城市农民股份有限公司"（Urban Farmers）合作设计了一个名为 Globe/Hedron 的屋顶养殖温室：这是一个屋顶养殖装置，从外观上看是一个竹子编制的网格状温室（如图7.3）。它设计用来在普通的平屋顶上生产有机鱼类和蔬菜：这个装置使用竹子作为主要建造材料，并可以根据日照情况和作物生产所需的日照时间调节温室内的光照量；在这个装置内，利用复合养殖系统技术，在其中养殖鱼类和培育作物；鱼类和作物以共生的模式存在，鱼缸中包含鱼类排泄物的水用于灌溉作物，作物则可以清洁鱼缸用水；经设计师测算，这个系统每年能生产 100 公斤的鱼肉和 400 公斤的蔬菜，最多能为一个四口之家提供一整年的食物（Hattam，2012）。

图 7.3　屋顶养殖温室

资料来源：Hattam，2012。

除利用先进的科技之外，用简单的技术和城市废物以及废弃、闲置建筑也可以创造小规模温室。废弃板材、集装箱改装成的温室为纽约布鲁克林的一个餐厅提供新鲜原料；在加拿大西北部，一个曲棍球场已经用作社区温室；多伦多通过改造再利用将一个电车修理谷仓转为技术先进的温室；在笔者的大河造船厂项目中船厂车间被用作温室。

除屋顶温室外，传统屋顶土壤种植技术在我国发展相对比较成熟，这也是屋顶农业得以首先在我国的城市中迅速发展的原因之一。建设部发布的《种植屋面工程技术规程（JGJ155—2007）》详细规定了屋顶种植的相关工程要点，近年来，屋顶土壤种植也是建筑防水、绿色生态建筑的重要议题之一。由于相关标准和研究相对充足，本书对相关技术要点不再赘述。

（二）水培及无土栽培技术（Hydroponic and Aquaponic Systems）

水培、水产养殖以及无土栽培技术有助于将城市中传统的消极表面转为生产表面。这些技术的应用，为在屋顶、墙体和其他种植表面进行农业生产创造了可能。实际上，这些技术在农业领域早已得到研发，但在大田作业中利用这些技术形成闭合的循环还面临着投入产出平衡的商业问题，因此并未得到广泛采用。而由于城市农业对城市空间的非常规诉求以及小规模、分散式的生产方式，这些技术恰恰能够成为农业与城市联合的有力技术支撑。

水培是指不用土壤作为营养来源进行种植的各种各样的栽培技术。由于大部分水都可以持续循环，因此水培系统一般比土壤栽培更为节水，同时即使需要使用一定的化肥和农药，其污染物也不必排到周围的生态系统或城市区域中，其危害被控制在最小的程度。水培系统的重量比传统栽培相对要轻，这使该系统更容易整合到建筑中去。目前有许多类型的水培系统，包括自制窗盒种植以及自动监控营养浓度、水位高低的商业水培系统。最简单的水培系统即包含营养液的容器，植物立在营养液中，可以使用一些基质作为植物根部的结构支撑，同时也帮助根部保留所需的营养（如图7.4）。

图7.4 水培系统

资料来源：Carrot City 官方网站 http：//www. ryerson. ca/carrotcity/compo-nents. html。

水产养殖系统是水培的扩展，主要用于水产动物的养殖，一般是将鱼类增加到食物生产的循环中。用这种方式，一个简单的系统就可以生产更多样的食物并增加产量。实际上，这个系统基于最原始的生产智慧，即我国的"桑基鱼塘"原理：饲养动物的废弃物含有许多种植作物所需的营养，在鱼类和作物间可以建立一个人工的共生关系——水培作物种植于养殖鱼类的水中，这种包含了鱼类粪便的水会提供有价值的营养，同时鱼类排出的废物能逐渐被作物过滤和净化，净化后的水重新进入水箱中开始新循环。国外的实践还将蚯蚓加入这个系统：蚯蚓以栽培作物的废物为食，它们的排泄物作为作物的肥料，而蚯蚓本身可以作为鱼的食物，形成一个完整封闭的循环。例如威斯康星州密尔沃基的淡水有机物（Sweet Water Organics）系统：2008年运营者将一个废弃的工业建筑改造为水产养殖系统，该系统模拟湿地，将鱼类废料作为作物生长的自然肥料而作物则对水进行过滤（如图7.5）。这个系统能够为当地的社区提供蔬菜，如生菜、蓬蒿、水田芥、马铃薯、胡椒、甜菜、菠菜，还有罗非鱼和河鲈①。

图7.5 废弃工业建筑内的复合养殖系统

资料来源：http：//sweetwater – organic.com。

无土种植是水培技术的进一步发展，通过在作物根部施用喷雾或薄雾营养液可以解决水培中营养液通风的问题。这个系统能够提供最佳的作物根部通气状态，比水培系统用水量明显减少。这三种技术（水培、水产养殖、无土栽培）特别适合将农业和生物多样性带入人口和建筑密集的城市区域，尤其适合用于垂直花园或者建筑外墙。使用水培技术的外墙系统对调节建筑内部空气质量以及温度有显著作用，对城市的生态健康有积极的意义。

① Sweet water 官方网站，http：//sweetwater – organic.com。

如纽约设计师所设计的"窗口农场"（Window Farm）水培系统大部分由回收的瓶子制成，可以悬挂在窗口上用来种植少量的食物。目的是使没有院子的人也能在家进行食物种植（如图7.6）[①]。Bohn and Viljoen 建筑事务所和哈德洛学院一起研究设计了一个紧凑高产低维护的水培生产系统，称为"城市农业窗帘"（Urban Agriculture Curtain）（如图7.7）：它可以安装在现有玻璃外墙后面或者小阳台上；设备使用一般的建筑构件，连接到可用的建筑空间；种植盘悬挂在缆绳系统中且与水管相连，通过水管提供储存在旁边箱子里的富营养水；种植盘每周旋转一次使植物平均地暴露在阳光下；食物种植空间不占用楼面空间，设备敷设和洗衣机敷设类似，因此也同样适合住宅建筑（Bohn & Viljoen Architects.，2011）。

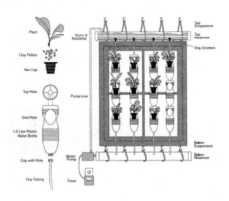

图7.6　利用可回收饮料瓶和一个简单水泵的窗口农场

资料来源：http：//www.windowfarms.com。

图7.7　安装在伦敦设计中心的城市农业窗帘

资料来源：Bohn & Viljoen Architects.，2011。

[①]　Windowfarm 官方网站，http：//sweetwater - organic.com。

（三）容器种植技术（Container Technologies）

可移动的种植容器体量和数量非常容易控制，应用灵活，可以克服空间的限制，适合于所有场所，特别适合于一些临时的种植场所，如广场、临时闲置地、建筑走廊、院落等城市空间。较早时候种植容器的出现，是为了无须处理土壤即能种植，或者在地面条件不具备的情况下进行种植，通常容器较为简易和简陋甚至丑陋；但现在城市中的农业种植容器不再仅仅是一种简易手段，种植容器本身也开始成为设计师关注的对象。关注城市农业的设计师将容器本身的艺术性、模块化和无障碍关怀、作物灌溉、方便移动等多样化的考虑加入到容器设计中，使种植容器异常丰富并充满想象力和趣味，甚至可以成为城市公共艺术的组成部分。

（1）高垄种植（Raised Beds）

高垄种植非常适合城市背景。在土壤整治难度大的地方，高垄种植可以作为引进大范围种植的可行的方法。比如，要在废弃地开展农业活动，考虑到该地可能的潜在的土地污染，高垄种植是最佳的选择。

对于行为能力有限制的残障和老年群体，利用高垄种植建造花园可以使作物与人在空间上更加无障碍。这对于想继续在土地上劳作但行动不便甚至需要轮椅出行的老年人来说更为重要。麦吉尔大学的最低成本住房小组和营养中心与一个社区开发机构合作，为蒙特利尔最贫穷镇的公共农园进行重新设计和升级，使行动障碍者能与之接近；在这个项目中，高垄种植床之间的间距和比例，可以使坐轮椅者轻松穿过花园，并且可以在无须过度拉伸身体的状态下和作物更加接近（如图 7.8）（Gorgolewski，2011）。

（2）软性种植袋（Soft Planters）

有些时候，在某些场所进行永久性的农业活动是不可能或者不必要的，在这种情况下，可以使用可拆卸材料做成的软性种植袋进行农业生产活动。出于不同的目的，各种创新的软性种植袋已经广泛地应用于不同的城市空间，如肯尼亚和英国用来扩大可种植面积的简易种植袋，和美国成为装饰艺术的特别种植袋。

对于低收入的发展中国家城市贫民来说，食物可达性是一个重要的生存问题。在这些贫穷的难以满足基本食物需求的地方，城市农业往往会成为一项非常具有创造力的活动：人们会尽可能寻找最易得的空间，耗费最少的资源创造尽可能多的食物种植机会。在内罗毕人口密集的贫民窟，公

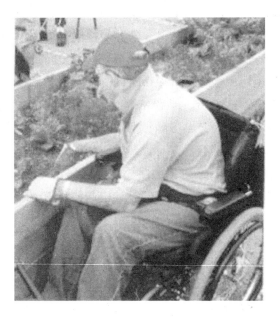

图7.8　适合老人的高垄种植床

资料来源：Gorgolewski, 2011。

共种植土地的短缺导致许多居民采用了一种经过简单创新的种植方法：编织袋农场，这个系统生产的蔬菜至少可以供养一个家庭两个月。在伦敦，2007 年 What If 艺术与建筑项目组用聚丙烯造了 70 个 1 平方米的袋子，这些袋子被肖尔迪奇的居民用来在未利用的硬质铺装区域进行食物种植，每个袋子可装半吨土，这个种植区域已经成为邻里烧烤、日光浴和嬉戏的公共空间，不同年龄层和文化背景的社区居民在这里碰面聚会并且交换食物、种子和交流园艺经验，这个成功的尝试已经被扩散到伦敦其他低收入地区（如图 7.9）①。旧金山艺术家和景观设计师托弗尔·德来尼（Topher Delaney）用回收的聚丙烯来制作种植袋进行作物种植，同样，这一区域也成为社区的交往中心（如图 7.10）。设计师格瑞奇·胡克（Gretcher Hooker）提出"软种植系统"（Soft Planting System），意欲为个人和团体提供快速简易的建设城市农场的机会。这是一个包括了种植带和遮阳棚的系统，可以在各种有可能的城市空间中布置轻质、模块化的种植袋，并配

---

① What if 官方网站，http：//www. what-if. info/vacamt_ Lot_ nol. html。

合防水面料拉伸篷来调节光照程度（如图 7.11）[1]。

图 7.9　伦敦肖尔迪奇的种植区域

资料来源：What if 官方网站 http：//www. what-if. info/vacamt_ Lot_ nol. html。

图 7.10　旧金山的作物种植袋

资料来源：Carrot City 官方网站。

图 7.11　软种植系统

资料来源：Carrot City 官方网站。

实际上，用废弃或常见的材料，有许多创新的方法来制造简单柔韧的种植袋。由于食物生产具有明显的季节性，除了比硬种植容器轻得多之外，软性种植袋在种植淡季可以被很方便地收纳起来，特别适合仅能临时使用的场地和用于节庆活动。食物生产可以通过这个方法用最低的成本整合到许多城市空间中，为在人口密集地区或在具有各种挑战性情况下的城市农业开展提供可能性。

（3）硬质种植容器（Rigid Containers）

不同于我们印象中一般的花盆，在城市农业发达的欧美国家，人们为了使农业更好地适应城市环境，已经将硬质种植容器从简易形式发展到高度工业化的形式，并将材料及来源、灌溉、施肥、容器存储和堆叠的考虑

①　Carrot City 官方网站，http：//www. ryerson. ca/cawotcity/board_ pages/component/soft_ planters. html。

加入到设计中去。通常情况下，这些容器本身就是小的独立的水、肥循环系统，并能够适应不同的城市空间。

例如，BioTop 和 EarthBox 公司提供低维护的种植容器系统，这个系统包括一个标准容器、隔板、水填充管、双面覆盖地膜、轻量生长介质和肥料，通过毛细作用传播水分；通过由联合国粮食和农业组织实施的"种植联系"的项目，EarthBox 容器被用于学生的校园园艺项目和许多国家的社区花园，不同地方的学生通过网络平台来相互分享课程和园艺经验（如图7.12）[1]。"未来种植"项目的塔式农园是一个置于 95 升的水箱上多孔的长筒，由太阳能电池板供电进行水循环并分配营养；它由食品级塑料制成，抗紫外线，能在户外长期使用；2010 年，一个纽约餐馆老板在屋顶安装了 60 个塔式系统，种植约 1000 株作物，用于供给这个 89 座的餐厅（如图7.13）[2]。移动可食墙（Mobile Edible Wall Units，简称 MEWU）系统则是将作物种植面板安在轮子上，方便移动，这种种植墙能最大限度获得一年四季的光照；作物面板可以种植深根植物——番茄、黄瓜、青椒、大葱、茄子、莴笋、菠菜，甚至迷你西瓜也能种植；种植面板由食品级不锈钢和高档铝制造，采用交叉板条结构，构成种植单元格，用于填充生长基质。MEWU 目前已经用于洛杉矶的社区中（如图7.14）（Oqul，2011）。

图 7.12　EarthBox 种植容器
资料来源：EarthBOX 官方网站。

图 7.13　塔式农园
资料来源：Tower Garden 官方网站。

① Earth box 官方网站，http：//www.eorthbox.com/。

② Tower Garden 官方网站，http：//www.towergarden.com/what - is - tower - garder。

图 7.14　移动可食墙

资料来源：Oqul，2011。

二　食物到哪里去：从餐桌到土壤

2008 年即有资料显示，我国城市垃圾历年堆存总量高达 70 亿吨，占地约 5 亿平方米，约折合 75 万亩耕地，而且垃圾产生量还在以每年约 8.98% 的速度增长（李红梅等，2008）。全国的大中城市，约 2/3 已被垃圾包围（许强等，2012），这其中城市餐厨垃圾所占比例约在一半左右。然而，如前文所述，目前我国对于餐厨垃圾的无害化处理比率非常低，仍然以填埋和焚烧为主，处理物的实际循环利用则更少（侯晓龙等，2005）。即使在大力发展餐厨垃圾资源化技术的城市，资源化处理比例也很低：北京 2008 年餐厨垃圾日产量超过 1200 吨，资源化处理量仅为 200 吨，不足 20%；上海 2008 年的餐厨垃圾日产量超过 1100 吨，实际收运量只有 500 吨，实际上，如能将餐厨垃圾充分资源化，那么中国每年产生的餐厨垃圾干物质含量相当于 500 万吨的优质饲料，相当于 1000 万亩耕地的能量产出（胡新军等，2012）。很显然，依靠城市集中式的垃圾处理模式远远不足以解决城市餐厨垃圾问题。此外，由于餐厨垃圾含有大量水分以及易腐的有机质，很容易在运输过程中产生二次污染，因此，减少餐厨垃圾的运输，就地、就近处理有可能成为新的城市餐厨垃圾处理模式。

尽管近年来已有学者呼吁建立分散式的生态卫生设施，就地处理餐厨垃圾，但在实际的运作中，由于难以唤起居民的参与热情，往往导致这些措施难以推广。同时，在不考虑城市农业的情况下，餐厨垃圾处理物并不能重新就近用于食物生产，分散式生态卫生设施在建立闭合循环系统方面的作用大打折扣。而在农业城市主义的思想中，农业活动就地生产食物，餐厨垃圾处理物就地回到农业生产中，农业成为这一闭合系统的起点和终点。同时，这也可以提高居民参与餐厨垃圾处理的积极性，解决这一系统持续运作的问题。

作为城市集中垃圾处理设施的补充，并为减少餐厨垃圾的运输，提高餐厨垃圾的资源化处理量，本书旨在建立城市内部分散的、就近的、小尺度的（通常是社区尺度）食物循环系统。这些分散系统可以帮助缓解城市集中生态卫生系统的压力，并更容易整合在城市的现存空间中。此外，这些分散的技术设施不仅仅在功能上是有效的，并且需要关注城市环境中设施本身的趣味性和艺术性，这也有利于改变大多数人对于农业生产脏乱差的固有印象。

（一）堆肥技术（Composting Technologies）

要完成食物系统的循环就必须将"输出"转变为再一次的"输入"。目前有关城市卫生的思维方式，往往仅着眼于处理废物而不是重新利用。我国对垃圾的主要处理方式是填埋和焚烧，其处理能力已经落后于城市垃圾的产生速度。城市急需新的垃圾管理模式。在农业城市主义的视角中，食物在生产、处理、食用过程中产生的有机废物可以通过就地堆肥转化为生产所需的肥料，再一次回到土壤，进入食物循环系统中。于是，堆肥这种古老的技术被重新发现，并在城市农业蓬勃发展的欧美国家得到普遍应用。实际上，不管是在发达国家还是发展中国家，将城市垃圾进行堆肥并利用有机肥料用于农业生产，是一种生产性的可行的城市有机垃圾管理模式（Nikita et al.，2009）。美国明尼阿波利斯市就已经把与堆肥相关的厌氧消化池加入到了土地区划代码中。在本书中，为呼应第四章所提出的"分散式"的价值观，主要关注城市中分散的中小规模堆肥的可行性，将有机废物就地资源化，减轻城市集中垃圾处理系统的压力，并进一步整合在源分离的生态卫生技术中。对城市集中式的工业规模有机废物的堆肥处理在本书中不作讨论。

堆肥（Composting）是利用多种微生物（细菌、真菌等），将可被生物降解的有机物转化为稳定的腐殖质（Humicsubstance，HS）；同时利用发酵产生的高温将垃圾中的致病菌、寄生虫卵杂草科学基本杀死；堆肥可以把生活有机垃圾和园艺有机垃圾变为肥料，返回到农业生产中，闭合有机营养物质的循环（韦元雅等，2008）。

现代的堆肥技术和堆肥设施使堆肥过程简便而洁净，没有异味，也不会招致食腐昆虫，可以用于城市的各个角落甚至家庭。小型的堆肥容器已经相当普遍，在淘宝网站上可以搜索到大量家庭堆肥容器和堆肥发酵菌，笔者浏览了部分商品的评价详情，大部分使用者都能够正确操作并得到肥料和肥液，并表示堆肥气味可以接受，也没有昆虫的困扰。这些容器一般有两个空间，一个用来放置食物废料并通过混合、通风、加热和加湿进行堆肥；另一个用于储存已经发酵完成的肥料；稍复杂的堆肥容器会利用风扇进行通风，为培养物提供氧气，而活性炭过滤器则可以吸收发酵过程的气味；一些添加剂如堆肥专用复合菌苗可以加快自然堆肥的速度，配合电力轻微加热，可以加速分解过程；另一种堆肥的方法是蚯蚓堆肥，蚯蚓可以将任何曾经有生命的东西转化为肥沃的腐殖土，将有机垃圾快速转换为高营养的肥料，蚯蚓蜕下的外皮也能成为富含营养的自然肥料，新型的蚯蚓堆肥箱整洁干净且使用简单，在淘宝网站上也可以搜索到相关的商品（Gorgolewski，2011）。

这些堆肥容器可大可小，既可用于家庭堆肥，也可用于社区堆肥。社区堆肥也可以结合社区垃圾收集点或垃圾转运站设置。同时，堆肥技术与下节所述的分散式生态卫生技术可以整合为社区生态站，综合处理社区的有机垃圾和污水。这样的堆肥点或者生态站可以由政府、社区或企业管理，或者由使用者组成的合作社以及个人管理；可以是劳动密集型，也可以是高度机械化型。劳动密集型的站点还可以为社区创造新的工作机会。如蒙特利尔2004年在公园一个可见但隐蔽的地方设置了社区堆肥中心，对社区居民开放，并作为社区的生态教育基地（如图7.15）（Barrington，2010）。2012年杭州的西牌楼社区引进了一台"高速发酵餐厨垃圾处理机"，每天能处理50公斤餐厨垃圾，相当于该小区一半的餐厨垃圾总量，产生5—10公斤的有机肥料。社区还特意辟出一个地下仓库，用作有机肥料冷却存放，并将肥料免费分给居民（洪慧敏，2012）。杭州现代雅苑小区则联合杭州市生态文化协会推动"生态社区"项目，向居民免费发放家庭堆肥桶[①]。

目前我国城市正在大力推广垃圾分类，对于城市农业来说，这是很好的发展契机。设置分散的、就近的、市民可参与的有机垃圾堆肥点更有利于提高普通市民参与垃圾分类的积极性，以垃圾换取有机肥料并用于农业生产，

---

① 详见中新网：《杭州一小区厨余垃圾变肥料 一只环保桶的生态试验》http://finance.chinanews.com/ny/2013/12-02/5571360.shtml。

图 7.15　不同规模的堆肥设施

左：小型堆肥容器　资料来源：Gorgolewski，2011。
中：蒙特利尔社区堆肥中心　资料来源：Barrington，2010。
右：威斯康星社区食物中心　资料来源：Gorgolewski，2011。

让食物就地生产和就地回收的整个过程对市民可见，无疑是城市中最为生动的生态环境教育课程。

（二）分散式生态卫生技术（Ecological Sanitation System）

雨果曾说过，下水道是一个愤世嫉俗者，它控诉着世间的一切。下水道，是城市的"良心"。

如本书开篇所述，城市的发展是一个双螺旋式的上升过程，是符合否定之否定哲学规律的过程，即由自身出发，仿佛又回到自身，并在这过程中得到丰富和提高的辩证过程。那么，本就是有机循环一部分的城市，必然会在技术发展、认识提高的前提下，上升到重新成为有机循环组成部分的新模式。为这一新模式提供技术支持的则是基于粪、尿"源分离"（Source Separation）概念的分散式"生态卫生系统"（Ecological Sanitation System，简称 ECOSAN）技术。针对在现代城市中长期普遍使用的城市污水和垃圾集中式处理技术（亦称"末端"处理技术，"End of Pipe" technology）的弊端，德国园林建筑师莱伯里切·米吉（Leberecht Migge）于 20 世纪初提出 ECOSAN 理念，这是一种水和营养物质闭合循环的污水管理理念，以家庭或单个建筑物为基本控制点从源头上进行污染物分离，以不同的处理回收技术从污水中回收水以及营养物质，从而实现闭合循环，这一技术的主要特点如下（唐贤春等，2006；周律等，2009；郝晓地等，2010）：

（1）在污染物产生点附近对废水进行分类收集处理，再进一步对出水和生物固体加以回收利用。

（2）对传统便器进行改造设计，将粪便、尿液分离收集。

（3）除雨水外，将生活污水分为灰水（Greywater，指粪便水以外的生活污水，包括厨房水、洗浴水等洗涤用水）、黄水（Yellowater，指尿液）、棕水（Brownwater，指粪便及少量冲厕水）和黑水（Blackwater，指传统便器排水，即粪便、尿液及冲厕混合水），分别采用不同技术对雨水、灰水、黄水、棕水和黑水进行处理，并使处理物重新回到环境中。

在农业城市主义的背景中，这一系统完全可以与堆肥技术整合在一起，将农业作为闭合循环系统的起点和终点，在社区的尺度中，形成闭合的城市食物系统。社区在就地补充食物的同时，通过生态卫生系统，就地处理有机废物，并使处理物重新回到社区农业生产中，同时循环利用雨水和太阳能。这一系统典型的技术流程见图7.16。

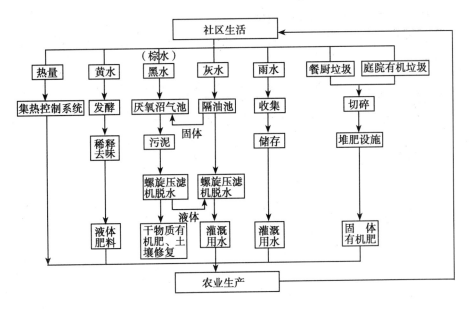

图 7.16　生态卫生系统技术流程示意图

在这一流程中，由于正常人尿液中基本不含病原微生物，因此在对黄水进行发酵以及稀释去味后可以直接用作液体农业肥料；黑水则进入沼气池进行厌氧消化，产生的污泥进入压力机进行脱水，得到的干物质即是有机肥料，可用于修复土壤，进行农业生产；灰水进入隔油池进行油脂分离，分离出的固体物与黑水共同进行厌氧消化，液体则进入压力机进行进一步脱水净化，达到排放标准即可用于灌溉或直接进行地下水回灌；对于雨水进行收集和存储，直接用于灌溉；餐厨垃圾和庭院有机垃圾在切碎后进入堆肥设施，生成固体肥料用于农业生产。农业生产得到的食物重新进入社区居民的生活，循环再次开始。这一流程可根据不同尺度的现场条件进行相应增减变化，如可以加入集热控制系统，收集利用太阳能。在前文提及的荷兰兰克莫尔生态住区案例中，住区将这一生态卫生技术体系整合在一幢中心建筑中；在大河造船厂农业综合社区案例中，也采用了分散式的生态卫生技术体系。

第二节　行为联合：双向的多元参与机制

在农业城市主义的思想内涵一章中提及，由于在逻辑上既存在多元主体行为联合、最终触发城市对农业的响应这一可能，也存在城市率先对农业活动响应并促成多元主体联合这一可能，因此，关于城市农业的参与机制必须将行为联合和公共物品供给的相关内容放在一起分析（见表7.2）。

表7.2　　　　　　　　　　　本节分析内容

农业在城镇化深度发展阶段背景中的多种功能				
农业的多种功能	经济功能	农产品		
	环境功能	减少碳排放、闭合生态循环、生物多样性		
	景观功能	生产性景观存续、开放空间（娱乐、休闲）		
	社会功能	粮食安全、食品安全、社会保障、生活方式、地区活力、社会融合		
	文化功能	文化艺术传承、科研教育		

农业对城市的整合机制						
		生产	运输	分配	食用	回收
农业对城市的整合：联合生产	空间联合：兼农的城市空间模式	绿地 广场 建筑 闲置地/荒地	城市道路系统	超市 农贸市场 小菜店 蔬菜配送点 农夫集市	餐馆 食堂 咖啡厅 户外餐饮点	垃圾回收点 堆肥设施 污水处理设施 能源设施
	技术联合：闭合的城市食物系统	温室种植技术 屋顶种植技术 水培种植技术 容器种植技术				有机垃圾回收 分散式生态卫生系统
	行为联合：双向的多元参与机制	政府、社区、企业/俱乐部、个人				

续表

城市对农业的响应机制		
城市对农业的响应：公共物品供给	公共物品供给	政府供给（各级政府、规划部门、建设部门、城市管理部门） 社区供给（社区、物管、业委会、市民联合组织、NGO） 俱乐部供给（企业/俱乐部）

一　双向的参与机制

（一）自下而上的社会背景

自上而下、自下而上的问题，在我国各个领域包括规划领域均被广泛讨论。在很长一段时间里，规划是政府自上而下实现发展目标的重要工具。在"大政府"和快速发展的背景下，作为"下"的社会化力量难以显现。而在政府向"服务型"转型和发展速度趋于平稳的现在，是可以讨论"下"的时候了。

在公民意识尚未觉醒的时代，尽管很多专家和学者早已意识到多元主义、倡导性规划等思想在规划中的重要性，公众参与仍然只能是少部分人自己感动自己的口号，这也是为什么长期以来我国的公众参与一直未能真正践行的主要原因。然而，公民意识的觉醒是必然的，尤其是自2010年以来，可以观察到，随着微博微信等社交平台技术的研发和兴起，公众有了更直接的观点和情绪表达途径。在一些公共事件中，这种开放式、扁平式的舆论渠道往往能够快速和透明地（但不见得是正确地）传递信息甚至直接推动问题的解决，对中国红十字会的质询，对于官员名表、名烟的"围观"，"微力量"的"威力"在逐渐显现。这使我国公众围观社会热点、监督行政、直接参与社会事务的热情空前高涨。人民日报社主办的《环球时报》在2012年8月11日发表的社评《上下改革的动力应当汇合》中认为"这种自下而上的推力，显然已是中国进步的合力之一。至少到目前，它对体制和整个国家的触动总体上是正面的"。在喉舌刊物中以社评的位置发出，可以看到，这种草根的、社会化的力量已经得到了上层建筑的关注和认可。在这样的社会经济、行政和技术背景中，可以预见，社会化的力量很快也会渗透到规划的领域。

（二）双向的参与机制

上上下下对这种力量的重视，投射到规划领域中即要求重塑规划职能的边界——实际上规划的职能边界应该扩大还是应该收缩，或是在某些领域扩大在某些领域收缩，本身就是一个值得讨论的大命题；要求重塑规划与公众的关系——重视民间的社会化力量和参与热情，并对此进行激发、认可和引导。城市规划通常被认为是一项专业技术，是政府职能，同时也应该是社会运动。然而，由于我国的城市规划理论最初服务于计划经济制度下政府指令式的城市建设，因此，长期以来，在我国的规划体系中，重政府职能，重专业技术，而城市规划社会运动的职能则被忽略，这与前文价值观一章中所提到的长期以来对于日常生活、对于公意的恐惧不无关系。尽管目前诸多学者提出了加强公众参与的各种方法，但是这些方法通常是横向参与，公众依然只能够沿着政府和专业技术人员指示的道路做有限度的选择，而难以真正地对自己所面临的城市问题作出方向判断和主动选择。城市规划社会运动的职能始终没有得到充分地体现，自上而下单向的规划机制也始终没有彻底地改变，在横向公众参与的情况下，或者可以将现行的规划机制称为象征性公众参与的单向规划机制。

　　只有在城市规划体现出社会运动的职能时，自下而上的模式才能出现，政府、专业技术人员和公众才能同时具有完整的角色，或者是自上而下模式里的主导者（政府）、技术支撑者（专业技术人员）、参与者（公众），或者是自下而上模式里的引导者（政府）、技术支撑者（专业技术人员）、主导者（公众）（如图7.17）。然而，自下而上的力量也存在冲动、容易过激的问题，尤其在公民意识尚不成熟的阶段。微博上曾有这样一段话被多次转发："所谓公众热情，就像个轻薄浪子，一有事件则万众一声，施加巨大压力，把当事者搞得热血沸腾，一心奋战到底，但一旦下一个热点出现，公众热情立刻转移，只留下当事者孤身奋战，自生自

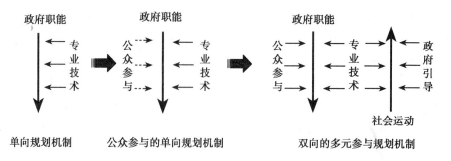

图7.17　双向规划机制的演变示意图

灭。"因此，自下而上的热情必须有自上而下的响应和引导。在城市农业的发展过程中，公众的自发行为已经表明了公众的诉求和方向选择，随之带来的破坏绿地、扰民等问题也急需解决，那么，很明显，在农业城市主义的背景中，城市农业活动的参与机制必须是双向的上下动力汇合，并且以自下而上的模式为主，政府以引导者的身份制定恰当的政策和制度将公众的热情引导到正确的方向，并与城市的其他建设活动形成良好的互动和补充。

如前文所述，在世界各国的城市农业实践中，凡在城市农业合法化的国家，尽管城市农业的产生背景和空间形式各有不同，但其"自发产生—政府响应—上下联动"的发展历程基本一致，且从自发出现到上下联动经历了长期的过程。无论是为了解决食品危机问题还是为满足对田园生活的向往，民众通常会对农业和食品这一与生活最为密切相关的活动作出最迅速直接和本能的反应——自己动手生产食物。由于这种活动带来的问题引起了政府的注意，政府从而随之作出响应。通常情况下，这种响应是引导性的，当然，完全禁止也是一种响应。在政府进行引导性的响应后，自下而上的渠道完全畅通，上下联动的参与机制形成。笔者曾在前文中提到，城市农业不是城市的问题，而是城市的希望。城市农业这种完全草根的、自发的、有广泛群众基础的活动如能够得到政府足够的关注和有效的引导，或许将是我国规划完善社会运动职能和双向机制的新希望。

二　多元的参与机制

本书第四章关于城市对农业的响应机制一节，根据公共物品供给的原理将城市农业公共物品的供给分为政府供给（城市农业政策）、社区供给（城市农业空间）和企业/俱乐部供给（城市农业支撑系统）。在城市农业活动中，各级政府以及城市规划、建设和管理部门制定相关的城市农业政策和法规；社区（广义的社会关系共同体）作为城市农业活动的基本社会单元，为农业活动的实现提供空间支持，通常这种供给是非营利的；企业/俱乐部则主要负责提供种植、生态卫生、规划设计等技术支持，通常这种供给是营利的。城市中的个体则贯穿在这三种供给中，与供给主体一起，形成多元的参与机制。需要说明的是，正如本书反复强调的，分类是为了论述的清晰以及表达不同供给主体所承担的主要供给任务，在实际的城市农业活动中，这三类供给无法截然分开。

（一）政府供给：纳入法定规划的城市农业政策

在确定双向机制尤其是自下而上的参与机制的前提下，对于政府以及规划建设等城市管理部门来说，重要的任务并不是制定某种具体的"城市农业规划"（这又会回到自上而下的固有模式中），而是确立城市农业的合法地位和法定活动空间限定及活动内容限定，保障城市农业活动空间的稳定性，创造最大程度调动各方积极性、激发社会活力尤其是公众参与热情的城市农业活动平台。如前文所提到的英国伦敦"首都种植计划"，实际上就是由政府发起的城市农业活动平台，而非具体的规划项目。在世界各国的城市农业实践中可以看到，许多城市部门参与到城市农业活动中，而要将这些部门组织到同一个平台之上，就需要城市政策层面的支持和连接。这些城市通常将城市农业视为解决城市经济、环境、社会等多重问题的有力工具之一，并制定强有力的政策，解决城市农业从种植到回收全过程的各种问题。

温哥华的城市农业即是在城市多个部门的协同下开展的，温哥华创立了食物政策委员会，整合和协调城市农业各部门的活动，以及食品、环境可持续发展等政策问题（见表7.3）（卢克·穆杰特，2008）。实际上，列表中的很多城市农业活动的开展比温哥华官方食物政策委员会的授权更早，是在几乎没有或者完全没有食物政策工作人员队伍参与的情况下产生的，且从城市农业活动的自发产生到相关政策法规的制定和通过经历了一个相当长的过程，这再一次印证了城市农业"自发产生—政府响应—上下联动"的规律（见表7.4）（Kimberley Hodgson et al.，2011）。1991—2001年间多伦多的"社区花园"的数量翻了一番，很大程度上得益于食物政策委员会的努力（马克·德·维利耶，2012）。前文提到的英国伦敦"首都种植"计划则是由伦敦市政府、伦敦本地食物基金会、伦敦食物链三个合作主体发起的，这个合作平台通过网络为参与计划者提供资金支持、技术培训、售卖策略培训、发布志愿者信息、举行竞赛、举办食物活动、组织参观游览等活动。蒙特利尔则将城市农业纳入永久的市政公园用地中，由城镇一级政府进行管理。日本和德国则对市民农园制定了相应的法律法规，将市民农园纳入城市公共绿地系统。

温哥华十余年的城市农业发展历程（见表7.4）也提示我国的研究人员及笔者本人，由于我国目前对城市农业缺乏认识和接受度，要将城市农业提升到城市公共政策的层面，整合与城市农业相关的各个政府部门，这一任务显然任重而道远，需要进行长期的努力和推动。本书前文基于我国目前对于城市农业的认知和接受程度，根据现行的城市规划管理相关法规，提出了相应的规划管理对策，以期规划部门率先响应城市农业的发展，在城市空间这一最为直观和可视化的领域支持城市农业的合法化，迈出推动城市农业公共政策出台的第一步。

表7.3　　　　　　　加拿大温哥华负责城市农业类活动的部门

城市优先行动	市政府部门
城市农民花园（堆肥示范和水保护地）	工程服务部、固体废物管理局
堆肥（在城市、庭园、公寓、后院和用蚯蚓）和堆肥信息热线	工程服务部、固体废物管理局、规划局（中心区域）
绿色街道工程	工程服务部、街道、结构和绿色通道部、规划局（中心区）
邻里和城市绿色通道	工程服务部、街道、结构和绿色通道部
自然庭园维护	工程服务部、街道、结构和绿色通道部
环境赠款	财务服务部
温室气体减排（导致温室效应的气体）	可持续性办公室
社区花园	公园局、房地产局、规划局（中心区）、工程服务部
农民市场	公园局
水果和坚果树	公园局、规划和运作部、规划局（中心区）
绿色建筑战略	规划局（中心区）
育儿基金（包括食物供给工程等）	社会规划局
原住民优先行动（UBC农场社区和厨房花园）	社会规划局
社会可持续性优先行动（农民市场、社区花园、可食性景观灯）	社会规划局
食物系统评估	社会规划局
食物政策工作人员队伍	社会规划局

资料来源：卢克·穆杰特，2008。

表7.4　　　　　　　　温哥华食物政策发展时间脉络

时间脉络	食物政策
2003年7月8日	市议会动议支持公正的可持续的温哥华城市食物系统的发展，支持水管、水塔以及其他用于灌溉花园和农场的设备
2003年12月9日	市议会批准由食物政策专责组制定的《食物行动规划》
2004年3月11日	市议会投票通过与《食物行动规划》相关的预算

续表

时间脉络	食物政策
2004 年 7 月 14 日	食物政策专责组选举了温哥华第一届市政下属的食物政策委员会委员
2004 年 9 月 20 日	温哥华食物政策委员会（VFPC）第一次会议
2004 年 12 月至 2005 年 10 月	温哥华食物系统评估行动
2005 年 7 月 25 日	VFPC 和城市食物政策工作人员向市议会作报告，要求对健康法规细则进行修改，以允许在城市内进行以休闲娱乐为目的的养蜂活动
2005 年 9 月 13 日	市议会批准免除社区花园的排污服务费
2005 年 9 月 19 日	温哥华公园和休闲管理委员会采用了社区花园政策
2005 年 10 月 27 日	温哥华食物系统评估结果发布
2006 年 2 月 27 日	市议会采纳了《城市休闲养蜂导则》
2006 年 5 月 30 日	兰德尔（Lander）议员宣布"2010 年 2010 块花园份地"活动启动
2007 年 1 月	市议会采纳了《温哥华食物宪章》
2007—2008 年	VFPC 启动了为期两年的研究："确定、考察和分析支撑和加强温哥华食物安全的关键要素"和"确定城市食物安全的关键要素、指出评价标准、提出战略重点和政策建议"
2008 年	市工作人员建立"城市农业指导委员会"
2009 年 1 月 20 日	市议会采纳了《私人所属地城市农业设计导则》
2009 年 3 月	市议会指示工作人员制定温哥华后院养鸡政策导则
2010 年 6 月 10 日	市议会修订了动物管制法规细则和区划法并制定新的法规细则以允许在城市内养鸡

资料来源：Kimberley Hodgson et al. , 2011。

（二）社区供给：公益设计支持的城市农业空间

社区是城市农业开展的主要空间载体和社会关系载体。如前文所述，本书中的社区是指包括居住社区、单位/工厂、学校、商务商业区等在内的社会关系共同体。从国外经验来看，由于城市农业是需要持续性维护的活动，因此，城市农业的开展多基于有稳定社会关系的社区。在我国，社区则通常有清晰的用地权属，有稳定的所属人群，这是城市农业开展的有力前提。因此，在农业城市主义的背景中，社区应该是城市农业空间的主要供给主体，在本书第六章中详细探讨了社区作为空间供给主体的兼农城市空间模式。除此之外，社区也必须制定相应的使用规则来规范城市农业参与者的行为，而这些规则并没有固定的模式，需要在实践中根据社区的特点制定。

要实现与城市的经济、环境和社会互动，社区农业空间需要一定的专业技术支持，这种专业技术支持并不是出自常规的设计院或设计公司，而通常是出自"公益设计"组织（Public Interest Design Group），这在国外的城市农业实践中屡见不鲜。"公益设计"较早始于建筑设计学院的设计课程，进而一些非营利的公益组织也加入到公益设计中，在欧美国家，这是一种正处于上升趋势的运动。新奥尔良的 Grow Dat 青年农场即是由杜兰建筑学院（Tulane University）的学生于 2011 年设计和建造的，建筑系的学生与社区居民合作将一个废弃的高尔夫场地变成了一个有机农场，并使这个农场成为各地年轻人学习、工作的场所。农场 60% 的产品通过市场、餐馆、小商店进行销售，剩下的 40% 通过"共享与收获"组织捐赠给低收入家庭，这个项目也曾获得公益设计奖项（见图 7.18）①。

图 7.18　Grow Dat 青年农场

资料来源：Grow Dat 官方网站 http：//growdatyonthfarm. org/。

在我国目前的社会大环境中，公益设计组织难以生存，但不失为应该关注的方向，并可以作为规划建筑院校的新型课程形式。相对于传统的规划建筑项目，基于社区的城市农业项目时间周期短、投入小、技术难度不高，更适合作为学生进行社区参与的公益设计项目课程，同时可以为城市农业的开展提供专业的技术支持，使社区农业的物质空间得以实现。正如杜兰城市中心的设计建造管理负责人艾米莉·泰勒（Emilie Taylor）所言：设计能够创造不同，但是你不能仅仅通过制造一个美丽的物品来拯救世界。如果你能够作为一个设计师同时作为一个社区或者组织的一分子，并

---

① Grow Dat 官方网站，http：//growdatyonthfarm. org/。

共同为同一个目标而努力，你就可以真正地成为改变世界团体的一员（Quirk，2012）。

（三）企业/俱乐部供给：CSA支持的城市农业运作模式

企业/俱乐部为城市农业提供技术支撑和行为支撑。城市农业所需的种植以及回收技术均需要得到专业企业的支持，实际上，与温室、水培、堆肥、生活垃圾处理设备、生态卫生设施相关的技术和企业都已经较为成熟，在国外城市农业的实践中也可以看到，这一领域已经进入设计师的视野，在满足使用功能的基础上，设计师开始探索这些设施的趣味性和艺术性。但目前，由于对农业城市主义的认识不足，我国的相关技术和设备主要在乡村地区使用，在城市地区的使用以及与城市生态卫生设施的联合还有待加强。

在世界各国城市农业的实践中，近年来被广泛采用的俱乐部组织为"社区支持农业"（Community Supported Agriculture，简称CSA）。这里的"社区"也应该作"一定区域内的社会关系共同体"理解。"社区支持农业"这一模式名称中虽有"社区"一词，但CSA通常采用会员制，具有完全的排他性，因此实际上属于准公共物品中的典型俱乐部物品。为避免与上文的社区供给模式混淆，笔者倾向于在本书中使用"消费者支持农业"（Consumer Shared Agriculture）一语，并使用国际公认的简称CSA代替中文译名。

CSA的核心理念是建立生产者和消费者的直接联系，减少中间环节，双方共同负担农业生产的风险，也共同分享健康生产方式的收益，建立本地的安全食物系统，共同保障本地的食品安全和经济、环境、社会发展。CSA并没有固定的模式，最常见的模式是：在一定区域范围内，消费者和生产者提前签订合约，为来年的食物预先付费（伊丽莎白·亨德森等，2012）。在中国CSA引入者石嫣博士的研究资料中，美国国家农业图书馆将CSA定义为：CSA是由个人组成的社区，这些个人（指消费者）共同支持健康生产并愿意与农场共担风险，并共享各方面的收益，从而使该农场或合法或合情理地成为该社区的农场。其核心是，购买农场或菜园"份额"（通常每份菜量足够一家四口人食用）的成员（Sharemembers/Shareholders），提前支付一定生产季农业生产所需的生产成本和农民工资；作为回报，成员与农场同享相应生产季节的农产品；作为责任，成员与农场共同承担可能发生的农业生产风险造成的损失。目前，CSA已经在欧洲、美洲、澳洲及亚洲广泛展开，美国迄今约有五千家CSA农场，二百多万户美国家庭成为CSA会员（2012）。

我国的 CSA 则开始于 2008 年北京的"小毛驴市民农园",并在近两年迅速发展,目前我国已有约八十余家 CSA 农场。这些 CSA 农场运作模式多样,包括合作社发起、NGO 发起、市民合作组织发起等。目前我国的 CSA 农场均出现在城市郊区或者乡村地区。实际上,CSA 的最可贵之处在于建立生产者和消费者的紧密联系,以社会化的力量支持农业的发展,而在我国目前实际的 CSA 运作过程中,恰恰存在生产者与消费者直接联系较弱的现象,这和生产地与消费地分离且相距较远不无关系。在农业城市主义的背景中,农场既可以在传统的农业地区,也可以出现在城市范围内,缩短生产与消费空间上的距离也有助于 CSA 真正建立起消费者与生产者之间的直接联系。简单来说,城市消费者可以直接购买乡村生产的食品,生产者尤其是农民也可以在城市从事农业种植活动。

第三节　本章小结

作为空间联合的支撑系统,技术联合为空间联合提供了可行的技术体系,行为联合为空间联合提供了可行的运作机制。技术联合解决农业生产、回收技术与城市空间、城市生态卫生系统的联合问题,其重点在于利用分散式生态卫生技术建立闭合的城市食物系统。行为联合解决城市规划领域中多元城市农业行为主体的参与机制和不同类型城市农业公共物品的有效供给主体问题,其重点在于顺应目前我国城市农业活动自发产生的趋势,因势利导,形成城市规划中自下而上的社会运动式的参与机制。

表 7.5　　　　　　　　　　技术联合与行为联合主要内容

联合模式	联合内容
技术联合	食物种植: 温室、水培、无土栽培、容器种植技术使得农业生产能够在各种城市空间中展开
	食物回收: 分散式生态卫生技术使有机垃圾的就地回收并就地返回到农业生产中成为可能
行为联合	双向的参与机制: 利用城市农业自发产生的特点,因势利导,形成自下而上的社会运动式规划机制
	多元的参与机制: 建立参与平台,整合多元的参与主体,不同的参与主体分别提供不同的供给内容。其中政府主要提供城市农业政策,社区提供城市农业空间,企业/俱乐部提供多样的运作模式

第八章

案 例 研 究

第一节 嵌入提升模式——"天空菜园"系列项目①

一 项目背景

"天空菜园"（V-Roof）是上海东联设计集团开创的系列项目。2012年，东联集团与浙江大学建筑工程学院成立"浙大建工—东联设计·城市与环境规划建设创研中心"，创研中心旨在探索校企联合培养创新型、实用型人才的新模式，进行大学与企业在设计与研发、成果转让、技术培训等方面的合作，"天空菜园"系列项目即为创研中心合作内容之一。

东联设计集团在 2010 年曾承担过上海世博会的部分设计任务，在设计过程中接触到各个展馆备受好评的屋顶绿化，这启发了设计人员关注并致力于推广城市的屋顶绿化。《上海市绿化发展"十二五"规划》提出"四个注重"，其中包括注重网络化、立体化发展方向，立体绿化工程也是十二五的重点实施工程之一，并计划发展立体绿化 150 万平方米，其中屋顶绿化 100 万平方米，新建公共建筑屋顶绿化比例占适宜屋顶绿化的公共建筑的 80%以上。这也坚定了设计人员将屋顶绿化视为新的"设计蓝海"的信心。

2011 年，东联设计集团参加了英国领事馆文化教育处举办的"绿色生活行动"创意比赛。在参与比赛的过程中，集团继续思考城市屋顶绿化的问题，并注意到了普通屋顶绿化造价较高、不易维护、公众参与程度低等问题，于是，在使屋顶绿化具有持续性产出的经济价值思路的启发下，集团最终提交的方案将普通屋顶绿化转向了屋顶菜园的模式，通过在屋顶空间引入具有持续产出农业生产的方式对城市的消极空间进行积极利用，

---

① 本小节整理自笔者论文《屋顶农场的意义及实践》。

这便成为了之后"天空菜园"系列项目的开端。在集团提交的方案得到比赛举办方的认可后，集团开始正式启动屋顶农场的建设。

在正式开始进行屋顶菜园的建设前，集团开展了一系列的准备工作，包括：对各类型屋顶进行踏勘；对种植容器进行考察和选择；与上海孙桥蔬菜种苗基地建立联系；在办公室中搭建迷你菜园进行试验；与杨浦立体绿化专业公司建立合作关系；在"Eco-lifestyle 国际生态生活方式展"中搭建"天空菜园"展位；申请"面向城市农业景观休闲服务的模式研究及应用"的课题并获得上海市科学技术委员会科研计划项目基金支持（如图8.1）。

图8.1　"天空菜园"准备工作
上：屋顶踏勘；下左：考察种苗基地；
下中：考察种植容器；下右：试验菜园　资料来源：东联设计集团。

二　联合生产

（一）建筑尺度的空间联合

顾名思义，"天空菜园"系列项目均在屋顶上进行建设，是建筑尺度上农业生产与建筑屋顶的空间联合。这也验证了前文的分析，即在我国目前的情况下，由于权属相对清晰，不涉及城市土地利用和土地性质，不影响现存的城市绿化，填补绿化空白、利用消极空间的作用显著，农业生产与城市的空间联合最容易从屋顶这个建筑尺度的空间开始。在屋顶空间中，创意产业园区、科技园区和商务商业园区等此类权属和管理主体相对清晰的园区更容易开展屋顶农场的实践。在目前已经建成的六个屋顶农场项目中，仅有一个住宅项目，其他均为园区或商业区项目（见表8.1）。

表 8.1　"天空菜园"系列项目概述

项目名称	1. 公司办公楼屋顶农场	2. 私人住宅屋顶农场	3. 企业工厂屋顶农场	4. 现代集团公司办公楼屋顶农场	5. 公司办公楼屋顶农场	6. 商业广场屋顶农场
地点	上海浦东浦江镇	上海徐汇区大上海国际花园	上海川沙开能净水公司	上海西藏南路1368号	上海九龙路737号	上海闵行区七莘路凯德七宝楼顶
面积	105m²	102m²	418m²	260m²	190m²	3000m²（一期完成700m²）
建成时间	2011年8月	2012年4月	2012年5月	2012年8月	2012年9月	2013年10月
屋顶权属	公司租赁	个人所有	公司所有	公司所有	公司所有	商场所有
建设模式	共建	代建	代建	代建	共建	共建
建设成本	450元/m²	500元/m²	800元/m²	1200元/m²	600元/m²	550元/m²
描述	第一个实验性屋顶农场项目，花费一天施工时间，全部可移动，拼装式设计	15天施工时间，使用轻质施工材料，考虑业主需求，注重家庭日常农业休闲空间	45天施工时间，满足职工基本休闲需求，植入公司公司文化，展示白领生态养生蔬菜	35天施工时间，绿色三星建筑的评测内容之一，让白领走进办公室，改善亚健康状态	20天施工时间，满足每一个职工自助种植蔬菜的要求，自产自食，让白领摆脱单一乏味的工作环境	第一个商业屋顶农场项目，35天施工时间，全部可移动，拼装式设计，与商场组合，行业生态组合，与商场商户同经营
主要作物种类	青菜、胡萝卜、卷心菜、香菜、生菜、芹菜、小葱等常见四季蔬菜	青菜、胡萝卜、卷心菜、香菜、生菜、小葱等常见四季蔬菜以及罗勒、迷迭香、薄荷等香料类植物	青菜、胡萝卜、卷心菜、香菜、小葱等常见四季蔬菜及部分养生类蔬菜	美国、台湾进口品种蔬菜，罗勒、迷迭香、薄荷等香料类植物以及部分养生蔬菜	青菜、花菜、生菜、大小葱、四季豆等常见四季蔬菜以及罗勒、薄荷等香料植物	青菜、樱桃萝卜、生菜、香菜、小葱、黄瓜、甘蓝、甜椒、芦笋、西葫芦等常见蔬菜、卷心菜、辣椒、秋葵
农产品消费人群	公司员工	家庭成员	公司员工	公司员工	公司员工	市民
主要生产技术	轻质抗紫外线塑料拼装容器、轻质有机介质	轻质有机介质	平铺式种植、轻质有机介质、渗灌技术、水循环净化技术	平铺式种植、轻质有机介质、渗灌技术	平铺式种植、轻质有机介质	生态种植箱种植袋、蔬果专用有机介质

续表

项目名称	1. 公司办公楼屋顶农场	2. 私人住宅屋顶农场	3. 企业工厂屋顶农场	4. 现代集团公司办公楼屋顶农场	5. 公司办公楼屋顶农场	6. 商业广场屋顶农场
主要病虫害防治技术	飞虫粘板	飞虫粘板	飞虫诱捕器、飞虫粘板	中药除虫剂、飞虫诱捕器	飞虫粘板、中药除虫剂	飞虫粘板、诱捕器等
主要有机废物处理技术	发酵堆肥		厂区生活污水净化处理后留有部分行植物灌溉、发酵堆肥			发酵堆肥、蔬果专用生态肥
灌溉技术	人工浇水	人工浇水	渗灌+喷灌	渗灌+喷灌	人工浇水	人工浇水、滴灌、自动调湿
植物轮作周期	春季3—5月：樱桃萝卜、樱桃番茄、枸杞菜、米苋、辣椒、夏季6—8月：玉米、黄瓜、空心菜、降压根菜、丝瓜、向日葵、生菜、茄子 秋季9—11月：茴香、莴苣、观音菜、香菜、苦瓜、冬季12—2月：菠菜、韭菜、大葱、甘蓝、萝卜、油菜、黄瓜					

资料来源：东联设计集团。

在这六个建成项目中，项目 1 为实验性质，尚不成熟（如图 8.2）。项目 2 为私人住宅屋顶，更多地考虑业主需求和家庭休闲空间的设计（如图 8.3）。项目 3 位于净水公司的屋顶，在空间设计、生产技术和运作模式方面都具有代表性。作为职工休闲和展示企业文化的空间，开能净水公司屋顶农场的设计中植入了企业的代表性元素——净水设备（包括净化池、沉淀池、过滤池、蓄水池），且利用废旧物品如回收轮胎、玻璃瓶等设计景观装置，尽可能展示企业文化，并考虑休闲活动空间，是采用嵌入提升模式的兼农城市单位/工厂（如图 8.4、图 8.5）。项目 4 所在的建筑获得了绿色建筑三星认证，屋顶菜园是该绿色建筑的构成要素之一（如图 8.6）。项目 5 旨在满足每一个职工自助种植蔬菜的要求（如图 8.6）。项目 6 则是集团第一个商业区屋顶项目，该项目在建设的过程中，使用了最

图 8.2　上海办公楼实验屋顶农场

资料来源：东联设计集团。

图 8.3　大上海国际花园私人屋顶农场

资料来源：东联设计集团。

新的可移动、可拼装的水肥一体式种植箱和简易种植袋，并尝试与商场的
业态和商户建立联系，共同经营和管理（如图8.7）。

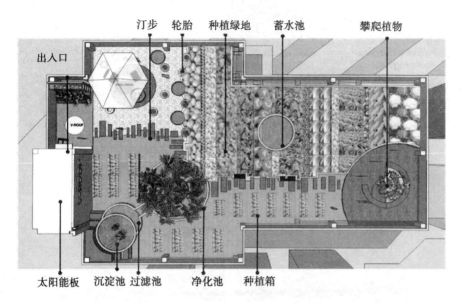

图8.4　上海川沙开能净水公司屋顶农场总平面图

资料来源：东联设计集团。

图8.5　上海川沙开能净水公司屋顶农场实景图

资料来源：东联设计集团。

图8.6　左：上海现代集团办公楼屋顶农场实景图
右：上海九龙路公司办公楼屋顶农场实景图
资料来源：东联设计集团。

图8.7　上海凯德购物中心屋顶农场实景图
资料来源：东联设计集团。

（二）生产过程的技术联合

在目前屋顶农场的实践过程中，主要解决了生产过程中技术联合的问题，包括屋顶防渗漏、生产容器设计、种植土壤配制、灌溉技术、作物种类选择、病虫害防治等生产技术。

农场的屋顶均选择可上人屋顶。在最近的项目中，设计团队在农业科研人员指导下，使用了一种便携式土、肥、水一体的种植箱（长90厘米、宽50厘米、高30厘米）作为基本种植设备，种植箱系统包括自动浇灌控制器。种植箱中装填种植营养土后，在正常情况下重量约50公斤，在完全保水情况下重量约70公斤，符合屋顶的承重要求。这种种植容器可以做垂直或阶梯式组合，能够最大程度利用有限空间，非常灵活，并且容易移动、容易装配，适用于目前尚不稳定的城市农业活动空间。

种植容器中装填的生态种植基质混合了泥岩及椰子纤维，可以增加土壤透水性和肥力，且比普通土壤更为清洁，容易为市民所接受。与传统大田作业相比，屋顶农场的土壤质量和土壤肥力更为可控。屋顶农场将根据种植情况换土或添加有机肥料，以保持土壤肥力。种植设备采用自动浇灌控制系统直接在农作物根部进行精确灌溉，解决常规土壤表面灌溉水分较易蒸发的问题，同时也能达到节约用水的目的。在开能净水公司屋顶农场的项目中，灌溉系统与厂区的水净化系统对接，直接使用净化中水进行灌溉。因此，该项目在目前实践的屋顶农场中具有典型的代表性，这是第一个将屋顶农场系统与城市生态卫生系统进行对接的项目。

在作物种类选择方面，团队已经试种过四五十种蔬菜，青菜、鸡毛菜、空心菜、茼蒿、茄子、香葱、辣椒等目前在屋顶农场中都能种植。另外，考虑到台风的影响，不建议种植高粱、玉米之类的高秆作物。实际上，在 2012 年的台风"海葵"肆虐时，几个已建成的屋顶农场都安然无恙。

屋顶相对独立的环境也使病虫害防治更为可控。相对于大规模单一品种的传统大田作业环境，小规模的、多品种的屋顶种植环境可以有效降低病虫害发生的概率，即使在已发生病虫害的情况下，也可以有效降低病虫害的传播速度，这样，就可以使用效果未必显著但环境影响较小的物理防治方法如粘虫板、灭虫灯等。

在造价方面，由于目前我国屋顶花园的建设技术并不稳定，尚处于摸索和推广阶段，不同的建设模式和建设要求导致造价存在明显的差距，在项目总结表 8.1 中即可以看到这种差距。在目前最新的凯德购物中心屋顶农场项目中，集团使用的水肥一体化种植箱和简易种植袋以及蔬果专用有机介质，如果考虑屋顶农场的持续农产品经济产出以及这些技术手段的稳定和大范围推广，屋顶农场的综合造价将进一步降低。

（三）自下而上的行为联合

"天空菜园"系列项目的运作是典型的自下而上的社会运动雏形。这项运动源于一次设计竞赛，由一个设计集团发起，并在推动过程中逐渐整合了多方的参与主体，形成了不同形式的合作平台。它的特殊之处在于，集团既是运动的发起者，也是运动的技术支持者，还是合作平台的组织者，项目组本身也从单纯的设计团队扩展为包括设计人员和后期养护技术人员在内的一揽子团队。该项目整合的参与主体包括文化机构、农业园艺企业、研究机构、设计机构、高校等。文化机构为项目组提供了宣传和学习的平台，农业园艺企业、设计机构提供技术支持，研究机构和高校提供智力支撑，而最为重要的农业生产空间——屋顶则主要由社区（目前主要是工作社区，包括各类园区）提供。

在农业生产空间的获得过程中，项目组主动与园区以及单位沟通，说服拥有清晰产权屋顶的业主提供屋顶空间，或将因资金缺乏而停滞的屋顶绿化项目改造为有经济产出的屋顶农场。在具体的操作中，项目组与提供屋顶的产权单位建立合作关系，共同建设，共同经营，并与市民个体建立租赁、订购关系，借鉴 CSA 的运作模式为市民提供蔬果。

更有意义之处在于，"空中菜园"项目的运作过程出现了公益设计、合作设计的雏形，并为我国公益设计的维持提供了一种可能的模式。在开能净水公司屋顶农场的建设中，项目组与开能集团合作，双方各出 15 万元投入农场的建设，然后由项目组进行运营和维护，生产的蔬菜以半年为期，双方轮流收割。在属于开能净水集团的半年收割期中，收获的蔬菜会供应企业的餐厅，多余的则卖给员工。在属于项目组的半年收割期内，项目组可以把蔬菜卖给开能集团。在这种模式下，正是由于农业本身持续的经济生产性使项目组可以不断得到经济回馈，使公益设计得以维持。

三　案例评述

作为国内较早进行系统运作的城市农业实践项目，"天空菜园"以一种低干扰的态度与城市空间联合，利用城市中最易得、争议最小的屋顶空间作为城市农业实践的开端。

在空间联合过程中，由于屋顶相对独立，且目前利用率较低，市民容易接受，因此农业生产空间主要在建筑尺度上与建筑屋顶空间进行联合；此外，由于屋顶权属的实际问题，目前的实践主要是与各类生产社区的联合，包括创意产业园区、科技园区和生态商务园区以及单位/工厂，形成兼农的单位/工厂模式（如图 8.8）。在城市农业认知逐步加深、管理模式逐步成熟、政策环境支持的前提下，项目团队计划将生产空间进一步与城市其他类型的社区进行联合。目前项目组已经开始探索与开发商合作，在居住社区规划、建筑设计阶段整合农业生产。农产品的分配也已经与社区食堂及个体建立了直接的联系，但除生产外，农产品的运输、分配、食用和回收的过程与城市的联合仍然有待加强。

图8.8 上海怡虹创业科技园区屋顶农场方案
资料来源：东联设计集团。

在技术联合的过程中，使用容器种植的农业生产技术已经相当成熟，与相关设备和技术供给企业也已经建立了密切的合作关系。水培技术的应用有待进一步探索。由于城市规划建设管理法规的限制，温室技术尚无法实施，这导致农业生产存在明显的季节空白。在农业回收技术方面尤其是对有机垃圾的回收利用仍然需要进一步探索，在开能净水公司屋顶农场项目中建立了农业灌溉系统与城市污水处理系统的联合，农业与城市生态卫生系统的联合处于萌芽的状态。

在行为联合过程中，农业这种具有持续经济产出的活动让我们看到了我国公益设计的可能。利用农业产出的经济补给以确保公益设计的可持续，是一种全新的城市农业活动和设计模式。如果该模式能够经受住时间的考验，那么在城市问题和城市关系最为复杂的居住社区中开展城市农业活动就可能有新的模式。而以设计团队为中心，整合多元参与主体，组建城市农业合作平台的模式则是典型的自下而上的城市建设社会运动模式，目前该模式已经到了需要政府响应的阶段，在实践工作中也已经面临处于灰色地带和法规盲区、现有政策无法对接、找不到城市层面管理主体等种种尴尬。

第二节　整合重构模式——大河造船厂城市农业综合社区①

一　背景论述

（一）项目背景

2007 年，浙江大学城乡规划与设计研究所开始着手进行《杭州市拱墅区发展战略规划》的编制工作。在工作过程中，项目组认为拱墅区运河沿线的遗产保护与社区复兴问题很突出，为此，项目组开展了运河遗产专题研究，在《战略规划》中提出了针对运河地区遗产保护和社区复兴的专项措施，并在 2008 年末开始对运河进行专项研究，其中就包括针对运河两岸遗产保护举办的"大运河国际论坛"暨"城市设计工作坊"（如图8.9）。来自浙江大学、美国加州大学伯克利分校、日本早稻田大学、意大利费拉拉大学四所高校的学生对运河拱墅段周围的特色地区进行了设计和研讨活动，大河造船厂地块即为其中之一。研讨成果在研究所的后继研究项目《开放式运河博物馆》中继续得到了深化。

图 8.9　"大运河国际论坛"暨"城市设计工作坊"
开幕、汇报、闭幕过程

（二）规划背景

在海运和陆路运输尚未兴起之前，京杭大运河是我国南北运输的大动脉，促进了中国近代民族工业的发展。如位于镇江至杭州之间的江南运河段，是中国近代面粉、棉纺织、缫丝、丝织、造船工业中的重要发源地。

---

① 本小节除特别标注处外，整理自笔者论文《工业用地复兴的双向联动功能聚集体模式设计探讨》。

在城市扩张后，运河杭州段两侧的工业用地目前大部分位于城市中心，现状复杂，与居住用地、商业用地交错，是复合了工业、居住、商业、仓储等多种功能的混合体。本次研究的大河造船厂地块位于杭州城北运河西岸，这一带曾是杭州的北部门户，杭州近代轻纺业的发祥地。运河东岸以及地块西侧为新建居住小区，地块南侧为在长征化工厂旧址上改建的创意产业园区，地块北侧在当时尚未开发。大河造船厂建于20世纪五六十年代，专门生产军用船舶，总占地面积56.42亩（如图8.10—图8.13）。

图8.10　大河造船厂基地范围
资料来源：GOOGLE EARTH。

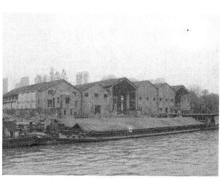

图8.11　紧邻运河的厂房

图8.12　造船厂厂房

图8.13　造船厂厂房

近代以来，运河最为传统的运输功能衰落，同时城镇化加速，工厂外迁邻近运河的工业、仓储用地慢慢成为城市废弃地，周边社区也随之衰落，成为杭州城市中较为落后的地区之一。近年来，由于对运河遗产的关注度持续上升，该地区开始面临功能的置换和地区复兴。当地居民（尤其是原工厂职工及老社区居民）对其生存和生活所必须依赖的运河及运河工业遗产有着强烈的心理认同感，这种认同感对于维持其所在地区的活力极为重要，因此，对于运河沿岸工业用地的复兴必须考虑如何保护和延续当地居民对场地的认知。在这样的背景下，保护与发展应该以开放性和包容性为目标，无论是场地的功能设置还是场所的参与主体，都应当采取更新的方式与方法。因此，运河沿岸工业用地复兴不应单纯追求"时尚"，"精致"，而应尊重特定的经济、社会、文化背景，配合运河功能转型，在已有的场所、建筑基础上延续渐进式、持续式的认知延续过程，开展活力激发活动。

在工业用地复兴的过程中，必须培育新的地块活力生长点并选择符合外部区位功能要求的新功能，形成富有活力的功能组合，还要在内部生长的推动力与外部需求拉动力的双向联动下，延续并增强周边居民对地块的认同，形成新型的复合功能的综合社区。在农业城市主义的启示下，待复兴工业用地可借鉴国外棕地复兴的新动向，尝试将农业作为该地块功能的生发点，并围绕农业活动组织地块的其他功能，通过整合重构的过程形成城市农业综合社区。

二　功能定位

（一）区位对规划地块的功能需求

根据农业城市主义重在"联合"的内涵，大河造船厂农业综合社区的相关功能并不是强硬地植入，而是将区位的功能需求与农业活动进行整合，选择能够产生内外部联动效应的功能形成农业综合社区的功能模块，并对周边社区开放，补充和提升地区公共设施。这个功能模块将在发展中持续地对周边地区产生有益的渗透，并施加持续的影响。

项目团队将规划地块的外部需求分为最适宜的步行距离和最适宜的自行车出行距离两个圈层进行研究，这两个圈层内的人群及用地功能与地块关系最为密切，地块的更新功能是否能回应这两个圈层的需求直接决定着该地块是否能够重新融入城市空间（如图8.14）。地块500米的步行半径内，南侧为创意产业园区（如图8.15）、桥西历史街区（如图8.16），西侧为新建居住区，东侧紧邻运河。由于此圈层内缺乏公共服务设施，因此对造船厂地块的改造需要考虑周边固定的居住人群和园区就业人群对于便利的公共服务设施的需求。此外，桥西历史街区内多为老年人，年轻人外

流，人口结构比例失调严重，因此，造船厂地块改造需要考虑吸引年轻人
以平衡地区人口结构，帮助桥西历史街区活力的恢复。对老社区的调研显
示，老社区各类公共设施不足，社区与外部城市空间联系不足，急需创造
新的社区交流和服务中心。此外，由于地块的阻隔，此处运河的可达性极
差，沿运河的溪水地带利用率极低，与城市空间隔离，需要通过交通及景
观处理恢复运河与城市的联系（如图8.17）。

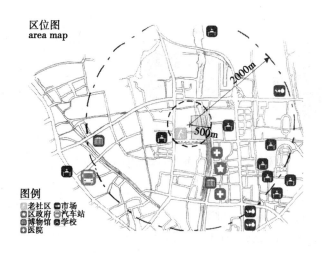

图8.14　区位分析图

资料来源：设计工作坊成果。

图8.15　地块南侧创意产业园区

图8.16　地块南侧桥西历史街区

在2000米的最佳自行车出行半径内，分布着杭州城北文教区，包
括艺术学校、职业学校、普通高校、中学等各层次学校；特色市场

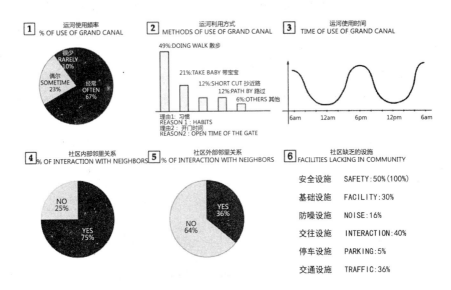

图 8.17　造船厂地块周边老社区的相关调查

资料来源：设计工作坊成果。

群，包括建材、家装、小商品、灯具等种类；区政府；杭州会展中
心；博物馆群，包括运河博物馆、张小泉剪刀博物馆、扇子博物馆
等。其中绝大部分设施分布在运河以东，运河东西建设的不均衡性非
常明显。在此圈层内，运河东部文教区由于周边城市建设成熟，建设
用地相对缺乏，学校实习基地、户外教育场地等难以发展，因此可以
利用运河西部建设用地相对充足的条件，适当设置相关的教育配套设
施，吸引运河以东学生群，平衡运河东西部建设用地和人口结构。该
圈层集中的特色市场已具有一定规模，因此在造船厂地块设置特色市
场与已有的市场组成运河两岸的专业市场群是可能的。博物馆、会展
中心、区政府的存在强化了该地块所应具备的教育、展示功能。

　　（二）城市农业综合社区功能模块

　　区位功能需求分析显示，地区对大河造船厂地块的期望主要来自于四
个方面——教育、公共服务、专类市场和景观（如图 8.18）；这四方面的
需求同样可以纳入农业多功能性的经济、环境景观和社会文化三维度框架
之内，根据区位需求确定造船厂地块的功能指向（如图 8.19）；将地区功
能期望与造船厂功能指向进行对照，整合形成完整的农业综合社区功能模
块（如图 8.20）。

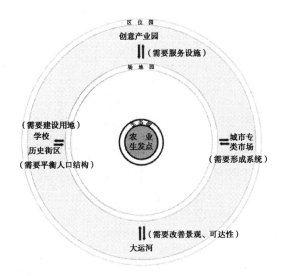

图8.18　地区对造船厂地块的功能期望

图8.19　造船厂地块的功能指向

（1）经济功能：农夫集市

在场地内，作为生发点的农业生产、加工、销售发展成为新的特色农夫集市，可与运河东岸市场群呼应，构建成运河两岸完整的市场群系统。传统的作坊式的农产品加工可以为市民提供果酱、糕点等健康新鲜食品。

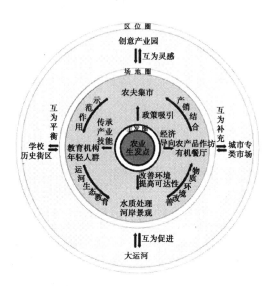

图8.20 功能期望与功能指向整合成农业综合社区功能模块

农夫集市中既可以销售自产产品，也可以与周边农村合作社建立联系，成为农民与市民直接短链对接的场所。自产的农产品可以供给场地中的有机餐厅，使餐厅作为相邻创意产业园区以及周围社区的餐饮服务设施。实际上，自元至清，杭州运河两岸集市众多，而且这些集市大多集中在沿运河的城门脚下，形成了独特的运河集市文化，从"百官门外鱼担儿，坝子门外丝篮儿，正阳门外跑马儿，螺蛳门外盐担儿，草桥门外菜担儿，候潮门外酒坛儿，清波门外柴担儿，钱塘门外香篮儿……"的民谣，就可以感受到当年杭城集市盛况（李利，2010）。为了保持这种独具生活气息的活动，农夫集市应该成为运河市场群系统的组成部分。

（2）环境景观功能：景观式污水处理系统

"运河水乡处处河，东西南北步步桥"描绘了运河曾经的历史风貌。然而运河运输功能的衰落以及工业的搬迁导致工业地块水岸破落，局部水质污染严重。因此，恢复运河水岸景观，保持运河水岸景观道路的畅通，提高地块可达性，是促进地块内各类功能逐渐生长的环境基础。这就需要配合运河两岸的景观整治，以人工湿地景观公园的方式建设分散式污水处理循环系统，将场地内的污水进行分散式处理，并对运河水进行净化，为农业活动提供灌溉用水。小型的分散式污水处理流程同时也承担着展示和教育的职能。

（3）社会文化功能：城市农业教育研发

基于周边文教区的需求以及运河这个重要的文化载体，地块的文化教育功能是非常重要的，这就要求围绕农业活动，将地块打造为生态教育基地。该功能要求与农业生产功能相配合，为学生提供第二课堂，同时也为城市其他社区的城市农业提供智力支持，另外农业教育培训和农业科研开发也将在地块中得到一席之地。更重要的是，地块的社会文化功能可在城市中为农业文化和农业技能的传播提供机会，鼓励青少年和年轻人继承农业文化和技能，鼓励公众参观和参与农业活动，了解食品的生产、加工和回收。农业和生态教育在我国的教育体系中处于弱势地位，需要第二课堂的教育来补充。而这类课外教育则需要就近的场地和触发点，城市农业综合社区就提供了这样一个媒介。在这样的社区，农业教育培训针对青少年和学生，结合生产空间，作为学生的实习和第二课堂基地；农业科研开发针对专业的城市农业企业，其开发的城市农业技术可以直接在场地上进行实践和改进，并在技术成熟后用于支持其他城市社区的农业活动；还可向公众开放烹饪技术以及生态技术课堂，鼓励公众学习城市农业生产、加工以及回收技术。

三 农业与社区的联合生产

（一）空间联合：城市农业综合社区

项目组根据大河造船厂城市农业综合社区的功能模块和地区空间现状，对空间进行梳理和重构。社区内的建筑单体，通过农业活动方式相互联系、渗透，使地块成为有机整体，而非孤立的建筑个体，并与周边社区紧密联系。根据农业城市主义的功能内涵以及农业生产、分配、食用、回收的流程，该地块被分为三大组团，分别为人工湿地公园组团、农业生产组团和农业相关活动组团（如图 8.21）。与功能模块对应的地块空间如表8.2所示。其中人工湿地公园组团运用生物处理技术将污水处理、农业生产、有机废物回收等过程整合在一起形成社区分散式生态卫生系统，构成闭合的农业综合社区食物系统；农业生产组团将原有厂房改造为适合农业生产的温室，并将温室技术与社区生态卫生技术联合，形成完整的生产、回收生态循环系统；农业相关活动组团安排农产品加工、售卖、教育科研等周边功能，扩展农业活动在城市背景中的多种功能，并为周边社区提供公共服务（如图 8.22—图 8.25）。

表8.2   农业活动与大河造船厂地块的空间联合

功能分类	经济功能	环境景观功能	社会文化功能
城市农业综合社区空间分类	农业生产温室（厂房改造） 作坊式农产品加工销售（厂房改造） 有机餐厅（厂房改造） 农夫集市（广场）	人工湿地公园（新建绿地）	农业教育培训（厂房改造） 农业科研开发（厂房改造） 烹饪技术、生态技术课堂（厂房改造）

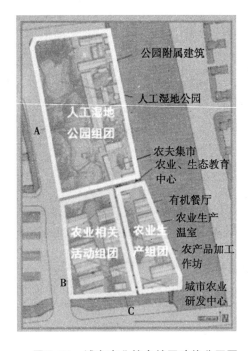

图8.21   城市农业综合社区功能分区图

（二）技术联合：闭合的社区食物系统

根据农业城市主义建立闭合的本地食物系统的技术联合目标，要实现真正的城市农业综合社区，仅在空间上纳入农业生产活动是远远不够的。只有将农业生产和回收的全过程与社区的生态卫生系统联合起来，在最大的程度上实现社区范围的自给自足以及尽可能减少排放，才能够真正践行农业城市主义的思想。

城市农业综合社区旨在建设分散式的本地生态卫生系统，大河造船厂农业综合社区的生态卫生系统由三个相互独立又相互联系的系统组成，分别为温室系统、生活污水处理系统和水质提升系统。其中温室系统和生活

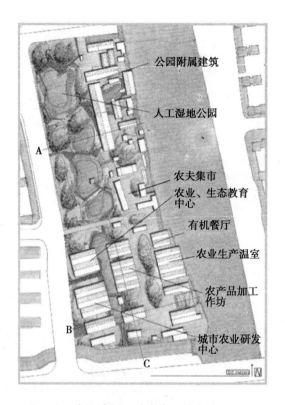

图 8.22　大河造船厂城市农业综合社区总平面图
资料来源：设计工作坊成果。

公园附属建筑
人工湿地公园
农夫集市
农业、生态教育中心
有机餐厅
农业生产温室
农产品加工作坊
城市农业研发中心

图 8.23　厂房改造的农业生产温室

污水处理系统组织在一起形成温室生态卫生系统，将社区农业生产和回收过程与生活污水及餐厨垃圾回收组织在一起；同时由于大河造船厂地块紧邻运河，水景的创造和运用以及对于运河水质改善的示范作用是该项目的特别之处，因此，该项目以景观式湿地公园形式建设水质提升系统，作为

图 8.24　农业生产温室外的休闲空间

图 8.25　厂房改造的农业生产温室（用于农业教育）

运河水处理的示范教育基地。

（1）温室生态卫生系统

农业生产的温室技术、堆肥技术与社区生活的污水处理技术、餐厨垃圾回收技术联合在一起，形成温室生态卫生系统，该系统可综合解决农业生产以及社区生活的能源循环、水循环和营养循环（如图 8.26）。

能源循环：该项目将部分厂房改造为农业生产温室，利用温室中集成的集热控制系统将温室收集的多余热量储存在深层含水层中，储存的热量在冬季或晚上为温室以及社区建筑供暖。此外，在水循环过程中产生的沼气经燃烧产生的能量可用于发电以供给建筑、温室和设备。

水循环：对社区产生的污水进行源分离式收集，其中的灰水经处理后，固体物质进入厌氧沼气池，液体则进入生态湿地进行水质提升并最终

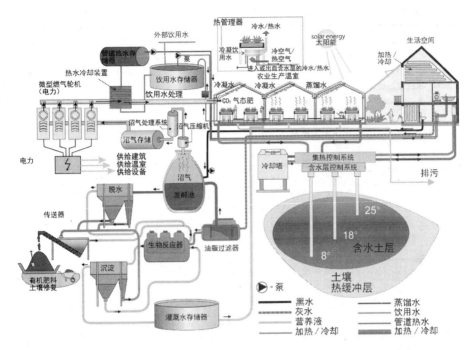

图 8.26　农业生产温室生态卫生系统

资料来源: Mels et al., 2006。

用于灌溉；黑水在进行厌氧硝化后得到固体的有机肥料重新用于农业生产，液体则进入生态湿地进行水质提升并最终用于灌溉。

营养循环：农业生产得到的农产品供给社区的农产品加工作坊、餐厅、咖啡馆以及周边社区，得到的餐厨垃圾通过堆肥获得有机肥料并重新进入农业生产中。

（2）水质提升系统

水质提升体统主要用于对运河水以及生活污水处理系统得到的中水进行净化提升，并用于农业生产或回灌到运河中。水质提升系统主要利用微生物、植物、动物等生物处理技术对污水进行处理，并对其中的生物要素做景观化的处理。在大河造船厂地块中，这个系统通过由多个功能池组成的人工湿地公园的形式来实现，其原理是通过湿地的沉淀、过滤作用将不溶性有机物截留并供生物利用，可溶性有机物则直接进入生物的新陈代谢过程（见表8.3）。

表8.3　　　　　　　　　人工湿地系统去除污染物的机理

反应机理		对污染物的去除与影响
物理	沉淀	可沉降固体在湿地及预处理的酸化（水解）池中沉降去除；可絮凝固体通过絮凝沉降去除，在此沉降过程中氮、磷、重金属、难降解有机物、细菌和病毒等得到部分去除
	过滤	通过颗粒间相互引力作用及植物根系的阻截作用使可沉降及可絮凝固体被阻截而去除
化学	沉淀	磷及重金属通过化学反应形成难溶解化合物或与难溶解化合物一起沉淀去除
	吸附	磷及重金属被吸附在基质和植物表面，某些难降解有机物也能通过吸附作用被去除
	分解	通过紫外辐射、氧化还原等反应过程，使难降解有机物分解或变成稳定性较差的化合物
生物	微生物代谢	通过悬浮的、填料上的和寄生于植物上的细菌的代谢作用将凝聚性固体、可溶性固体进行分解；通过生物硝化-反硝化作用去除氮；微生物将部分重金属氧化并经阻截或结合而去除
植物	植物代谢	通过植物对有机物的吸收而去除，植物根系分泌物对大肠杆菌和病原体有灭活作用
	植物吸收	相当数量的氮、磷、重金属及难降解有机物被植物吸收而去除
	自然死亡	细菌和病毒处于不适宜环境中会自然腐败、死亡

资料来源：白玉华等，2008。

大河造船厂的人工湿地包括了该系统主要的工艺流程（如图8.27）：

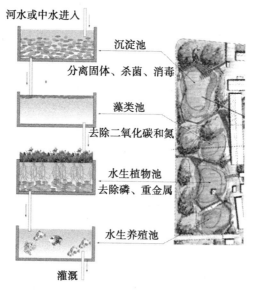

图8.27　大河造船厂人工湿地公园流程示意图

首先在沉淀池中对运河水进行预处理，分离水中的固体物质和悬浮物，并通过紫外线和臭氧杀死水中的细菌。

经过预处理的河水与经过社区卫生系统处理的中水一起进入藻类和微生物池，这个池子主要去除污水中的二氧化碳和氮。藻类植物通过光合作用吸收污水中的二氧化碳并将氧气输送到根部区域，使根区周围的好氧区域形成了好氧微生物进行硝化作用的场所；远离根区的地方则形成厌氧区，厌氧微生物在此区域进行反硝化作用。微生物通过硝化作用和反硝化作用去除污水中的氮。

接下来含氧量增加的水进入根系繁茂的水生植物池，植物的根系吸收可进一步去除水中的磷以及重金属。植物的收割和再生长，使系统可以保持持续的净化能力；同时植物根系的分泌物对大肠杆菌和病原体具有灭活作用。通常植物池可以选择芦苇、香蒲、鸢尾、灯芯草、水葱、茭白、风车草、水芹等根系繁茂的水生植物。

最后，可以将水生动物加入这个系统，在水产养殖池中可以养殖鲤鱼、鲫鱼等耐污能力强的鱼类以及蚌类，这些动物既能够继续减灭水中的细菌，也能够为温室中的农业生产提供富含有机鱼类排泄物的灌溉用水。

这一技术在国外已经相当成熟，在我国也逐渐得到了认可。国家环境保护部于 2010 年 12 月发布并于 2011 年 3 月正式实施了《人工湿地污水处理工程技术规范》，这对在农业综合社区中整合这一技术有重要的示范意义。

（三）行为联合：自上而下的多元参与机制

城市农业综合社区由于建设规模较大、投资较大、周期长，需要的支撑性城市基础设施复杂，且由于用地权属的问题，不适合采用自下而上的社会运动模式，更应该由区政府和区规划局在项目中起到主导作用，采用政府主导、公众参与、专业技术支持的自上而下模式。在这一模式中，政府的主导和支持能够为农业在城市中的推行起到重要的示范作用。最重要的是，政府需要搭建农业综合社区的日常管理平台，以一种一揽子地区协议的方式统筹调动多元的参与主体（包括政府、规划部门、建设部门、旅游部门、农业部门、环境保护部门、开发商、农业设备设施企业、高校、研究机构、社区等），协调农业综合社区的日常管理事务，发起社区倡议和项目，促进多元主体的合作，形成农业综合社区的合作平台。

在农业活动中，可以采用 CSA 模式，招募生产者、消费者和志愿者，并在理想的状态下，招募具有农业技术的进城农民作为生产者，解决部分进城农民的就业问题。当然，在这样一个较小规模的农业社区中能够解决的就业问题是有限的，但其示范作用和社会影响不能低估。招募周边学校学生以及市民作为志愿者，由农民传授农业知识，共同劳作，将生产者与消费者在农业生产场所中联系起来，使农业生产场所成为社会不同阶层的交往空间。

在专业技术支持方面，理想的状态是采用公益设计的方式。将这一地块的复兴与规划建筑景观专业学生的公益设计课程实践联系在一起，学生将自己作为社区的一员持续参与到社区的复兴设计和建设中，以设计师和社区成员的双重身份思考问题，推动地区的复兴。

四 城市农业综合社区的渗透作用

农业多功能性的内涵与外部区位需求的对接使造船厂地块的复兴超越了简单的功能填充模式，可形成内外联动、良性循环的功能链，居民与地块可建立起生存和生活的双重联系。位于功能链节点之间的区间将在两侧节点功能的影响下逐渐发育为具有更广泛渗透作用的功能区间，并将在更大范围内作用于区域的经济、社会、民生等各个方面。

在由节点功能形成的坐标轴中，第一象限位于农夫集市与农产品加工之间，以小作坊与大市场、农业生产与农产品销售紧密结合的模式对城市农业产生示范作用；第二象限位于农夫集市与农业科研教育功能之间，由此所产生的农业技能人才以及对农业的教育传承将影响传统农业的未来，并为城市农业的开展提供智力支持；第三象限位于教育与环境景观功能之间，由此强化、普及生态理念；第四象限位于环境景观与农产品加工之间，两岸的特色市场以运河为线索相关联，将运河环境改善与集市群相结合，可发展为独特的市场旅游系统（如图8.28）。

至此，完整的城市农业综合体模式形成，该模式的良性运作将可能实现运河工业地块遗产保护与城市农业介入的平衡，并作为城市农业活动的"智慧中心"，起到重要的示范作用，还将以积极的面貌融入城区，承担更为广泛的社会职能。

五 案例评述

本案例基于农业城市主义的思想，以城市中待复兴的棕地为用地背景，实践了城市农业综合体的具体空间模型，将农业城市主义思想部分落

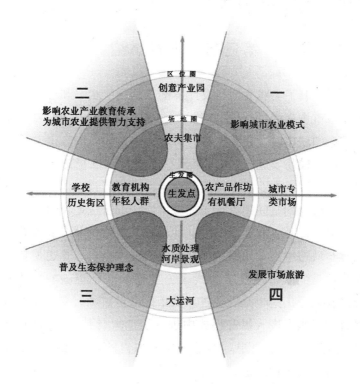

图8.28　城市农业综合社区的区间功能渗透模式图

实。实际上，这也是一种新型的工业用地复兴模式，既然传统的棕地开发思路在不改变用地性质的前提下"退二进三"是可能的，那么，为什么不能够尝试"退二进一"呢？

　　由于该案例出自高校与区政府联合举办的论坛性质的设计工作坊，在设计工作坊结束后，对这些问题的探索也没有能够进一步深化下去。但是，这个设计工作坊的举办本身就是搭建地区合作平台并成功运作的证明，在这个工作坊中，来自国内外四所高校的师生、区政府、市规划局、区发改委、运河综合保护委员会、运河周边社区相关人员以及普通市民都参与其中。此外，以学生为主体的公益设计也初现雏形，但尚没有形成常态，未能持续进行。

　　如今的大河造船厂已经改造为运河国际旅游综合体的一部分，目前已有影院、KTV、商店等进驻。为了提出不同的发展模式，为了呼吁对城市日常生活空间的重视，也出于敝帚自珍的心理，尽管城市农业综合社区还处于模型的阶段，笔者依然将它放置在本书里，希望它能够为城市农业、城市棕地复兴乃至城市的发展提供一定的参考作用。

第三节　本章小结

本章分别选取了实践案例和设计案例，从现实状态和理想状态两个层面检验农业城市主义的可行性。实际上，从案例的选取中就可以印证前文对于不同类型的城市农业在我国推行可能性的分析。嵌入提升模式由于对城市的干扰小，较易实施，"天空菜园"系列屋顶农场的建设说明了这一点。但目前还仅限于农业生产空间与建筑尺度的屋顶空间联合，城市中众多有农业生产潜力的空间还有待于在城市农业的合法地位得到确认后进行进一步的实践。此外，农业活动的其他过程与城市的联合表现较弱，尤其是农业回收与城市生态卫生系统的技术联合非常微弱，这也使目前我国的城市农业与城市的联合还处于"浅表"状态，并不稳固。当然，从国外实践发展经验来看，这也是农业进入城市的必经过程，要真正实现农业与城市的联合，必须在嵌入提升模式中进一步加大与其他学科的合作深度，使农业"根植"于城市之中。不过，令人惊喜的是，在嵌入提升模式的实践中，出现了自下而上的社会运动式的城市规划参与机制的雏形，这也是为何笔者认为农业是城市希望的原因之一。

整合重构模式是一种全新的城市社区模式，在我国目前对城市农业认知不充分的情况下还难以实施，大河造船厂城市农业综合社区案例验证了这一点。但这种模式是一种城市农业发展的理想状态，与嵌入提升模式一起，完整地具体化了农业城市主义的思想，使农业城市主义思想可视化。其意义并不在于在真正的实践中完整地进行复制，而在于将理想状态"打包"，为城市农业实践提供智库，以便根据实践场所的功能需求，选取恰当的要素进行组合，进行城市农业实践。

表8.4　　　　　　　　　　　　案例总结

农业城市主义空间模式	特点	问题
嵌入提升模式（"天空菜园"系列项目）	较系统的城市农业实践，以屋顶作为农业生产空间，已经基本解决了生产技术问题，开始探索设计企业搭建参与平台、整合多元参与主体、以公益设计获得生产空间、以农业产出支持公益设计的运作模式	农业活动的其他过程与城市的联合表现较弱，尤其是农业回收与城市生态卫生系统的技术联合非常微弱，农业与城市的联合还处于"浅表"状态，并不稳固

农业城市主义 空间模式	特点	问题
整合重构模式 （大河造船厂城市农 业综合社区）	从功能模块选择、空间联合、技术联合、行为联合四个方面完整地在城市真实地块中落实了农业城市主义思想，说明该模式在空间上是可能的	并未得到实施，该模式的社会接受度较低，推行难度较大，在经济、技术和行为上的可行性还有待检验

第九章

总结及展望

第一节 总结：农业城市主义是必要、可能和可行的

本书对于农业城市主义的研究内容和主要结论包括（如图 9.1）：

（1）对城市与农业关系进行研究是必要的

在实践中，农业已经进入了城市，并可能会给我国的城市发展带来新的可能、形成新的城市发展模式，这一可能性和农业所具有的多种有益功能也正在城市农业发展较为成熟的国家得到验证；在理论研究中，国际学术界对待城市农业的态度基本是正面的，并且将其上升到城市公共政策的高度，相关理论和实践研究成果也已经相当丰富。国内国外日趋增长的关注度和日益增加的研究成果也说明在环境、资源、食品危机日益严重的时代背景下，农业或将会引起规划者更多的思考，以农业的视角审视城市发展的研究将会进一步繁荣，城市与农业关系的研究将可能成为规划学科新的理论增长点（高宁等，2013）。因此，对城市与农业关系进行研究是必要的。

（2）农业城市主义的价值观

本书通过对城市规划价值观的分析说明农业城市主义的价值观在本质上是对城市规划核心价值观的有益补充，它包括农业与城市共生的目标导向、日常生活美学的审美导向、强调城市弱势群体的服务导向、分散微行动的建设模式导向四个方面。

（3）农业城市主义的思想内涵

本书明确了农业城市主义的概念和内涵，指出农业城市主义是农业与城市联合的规划思想，并引入农业社会学中的农业多功能性原理，说明农业城市主义的思想内涵包括两个方面：一是农业城市主义的目的——发挥城市中农业的多种功能实现城市与农业的共生；二是农业城市主义的实现

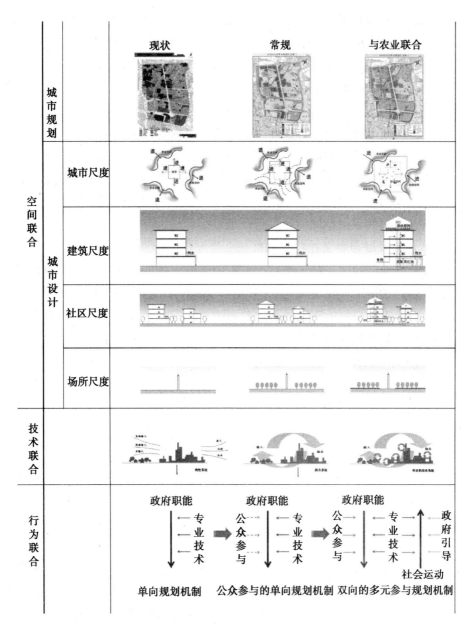

图 9.1　农业城市主义的思想内涵及空间模式总结示意图

途径——农业与城市的相互作用机制，即农业对城市的整合机制（联合生产）和城市对农业的响应机制（农业公共物品供给）。

（4）农业城市主义的研究重点

本书指出了对农业城市主义理论的研究应将重点放在"联合"上，

即对农业与城市相互关系的研究，并进一步引入"联合生产"（Joint Production）原理，从空间联合、技术联合及行为联合三个方面建立农业活动与城市系统的联系：通过空间联合形成兼农的城市空间模式；通过技术联合形成闭合的城市食物系统；通过行为联合形成双向的多元参与机制。

（5）农业城市主义在空间上是可能的

本书从城市规划和城市设计两个层次指出农业在城市中可能的用地和可能的空间；在控规的层次上确定农业的法定地位，分析城市建设用地对农业活动的兼容性并提出控制指标体系；在社区的空间单元中，根据农业对城市空间的干预程度，提出嵌入提升和整合重构两种模式，并以两个案例分别对兼农的城市空间模式进行验证。

（6）农业城市主义在技术和机制上是可行的

农业的生产和回收技术与城市生态卫生技术的联合是可行的，可以进行农业生产的同时改善城市生态卫生系统，实现闭合的城市食物系统；自发产生—政府响应—上下联动的参与模式是可行的，并且是对缺乏公众参与的现行规划机制的有益补充。

尽管中外学者对于农业城市主义的研究热度正在上升，但该领域的研究开展时间相当短，尤其在我国仅仅开展了四年左右的时间，同时缺乏系统的实践和主流学界的认可。笔者为客观的环境条件以及自身的能力所限，对该领域的研究广度和研究深度都存在欠缺。在研究的广度方面，由于农业城市主义的内涵涵盖了经济、空间环境和社会文化的完整三维维度，笔者的城乡规划学科背景显然不能够对其进行完整的覆盖，因此本书将重点放在空间环境维度，对经济和社会文化维度仅作为支撑系统有所涉及；在将农业纳入城市规划体系的研究中，仅对控规层面展开讨论，尚没有提出覆盖完整规划体系的系统策略。在认识的深度方面，由于实践的开展或者还处于规划设计方案的阶段，或者还处于农业与城市联合的浅表阶段，因此尚缺乏定量研究，对于农业在城市各个空间尺度中的效益缺乏量化评估，对控规中的城市农业指标体系的研究也需要进一步深化。

在未来该领域的研究工作中，需要针对研究的广度和深度进行进一步的拓展。在研究的广度方面，要进一步探索农业在城市规划中合法化的途径，将农业完整地纳入城市规划的体系中，探索系统的城市农业规划、城市食物规划的可能；要将研究的空间范围扩展到城市郊区，视野扩展到乡村，以农业的视角审视城乡关系，在宏观的层面考察"城—农—乡"关系。在研究的深度方面，要更加注重农业与城市在技术和行为方面的深层次联合，尤其是农业技术与城市生态卫生技术的联合；在实践中要进行量化研究，尤其是控规中与城市农业相关的指标体系的研究，建立城市农业效益量化评价方法。

第二节　展望：与农业联合的新型城市模式

在本书的开始，或许有人会问，当城市里还存在住房保障、交通、历史建筑保护等诸多紧迫问题的时候，为什么要把精力放在看似与城市毫无关系的农业上面呢？现在看来，或许能够这样回答：农业是一颗希望的种子，用农业的眼睛看城市，或许会发现新的发展模式。我们不应该把农业与城市对立起来，而是应该放弃机械的简单的分割考察问题的思路，重新审视长期以来我们视而不见的问题，以一种开放的心态和开创性的视角把农业和城市联合起来观察和判断，给予农业与城市应有的统一。

我们已经习惯了在壮丽的城市场景中寻找未来，在严肃的研讨中寻找问题的答案。而王尔德说："越是重要的东西，越不能严肃地谈论它。"城市农业不壮观、不华丽、不严肃、不深奥，甚至不严谨，不能算是一个答案。相反，它充满趣味、分散、琐碎、浅显、生活化。农业城市主义也不是一剂"猛药"，更不是城市问题的一揽子解决方案。但在城市中，"农业"是一个必不可少的观点，更重要的是，"农业"是一个善意的陌生人，并且是一个希望，一个充分利用城市消极空间的希望，一个把自循环系统重新带回城市的希望，一个把生产者和消费者在地域上紧密相连的希望，一个推动公益设计组织发展的希望，一个完善城市规划参与机制的希望，一个新型城市生活方式的希望，一个与农业联合的开创性城市模式的希望（如图9.2）。

城市农业的实践才刚刚开始，在中国的城市中，尽管农业活动究竟是昙花一现的风潮还是燎原的星星之火尚无定论，尽管学者们对这一问题的研究热情是会稍纵即逝还是会持续增长尚需时间的检验，尽管城镇化过程究竟是"去农业化"的过程还是具有"兼农"的可能还会不断引起争论，但这种自发自觉的、自下而上的社会运动式的城市建设和参与模式显然是可贵的，是值得鼓励和引导的。尤其在城市中大量自上而下的政府工程面前，在各种宏伟高调的城市未来图景中，城市农业的实践更是清新可人。

城市需要野心，更需要趣味和想象力。

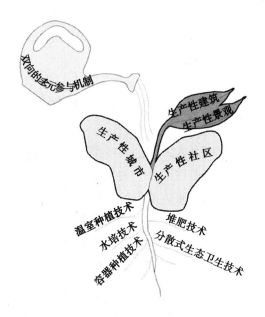

图9.2　农业，城市的希望种子

附录

城市中的农业活动认知调查问卷

一 问卷设计意图

该问卷旨在初步了解城市居民对于城市中农业活动的基本态度,包括认知程度和接受程度;被调查人员分为城市规划、建筑、景观以及城市建设管理领域的专业人员与普通市民两类,调查对专业人员和普通市民进行对比分析,以了解这两类人群对城市中农业活动的认知是否存在差距;为更直接地了解城市居民对农业活动的态度,本次调查通过访谈(包括当面访谈、电话访谈、网络访谈)进行;为方便访谈式调查,问卷设计简短,主要包括对城市农业的基本态度和基本认知;此次调查共收回有效问卷246份,其中城市管理、规划、建筑、景观从业人员84份,普通市民162份。

二 问卷内容

城市中的农业活动认知调查问卷

说明:

城市中的农业活动是指在城市内部(连续建成区)所开展的农业作物种植、家禽家畜等养殖的活动。如选择"其他"选项请标明具体内容。

1. 您在城市内部见过哪种农业活动形式(多选)?

□菜地 □麦田 □果林 □家禽饲养 □没见过 □没注意过
□其他_____

2. 您是否希望城市内部有可以从事农业活动的场所?

□希望 □不希望 □无所谓

3. 您是否愿意在空闲时从事农业活动？

□愿意　□不愿意　□无所谓

4. 您是否参与了垃圾分类？

□是　□否

5. 您是否了解厨房垃圾堆肥技术（将厨房垃圾转变为农业活动可以使用的有机肥料）？

□非常了解并实践过　□了解　□听说过　□从没听说过　□非常乐意尝试

6. 在法规许可的前提下，您希望哪些农业活动出现在城市的哪些空间中？

城市空间〔斜〕活动类型	居住区	校园	机关、工厂、园区、医疗康复机构	商业区	城市公园、广场	城市道路	屋顶、阳台	建筑立面、建筑内部
农作物种植								
家禽饲养（鸡鸭等）								
家畜饲养（猪羊等）								
水产养殖								
蜜蜂养殖								

被调查者基本信息

性别：　　　　□男　□女

年龄：　　　　□18 岁以下　□18—25 岁　□26—35 岁　□36—55 岁 □55 岁以上

职业：　　　　□城市规划、城市管理、建筑、景观从业人员　□其他

三　调查结果

1. 您在城市内部见过哪种农业活动形式？

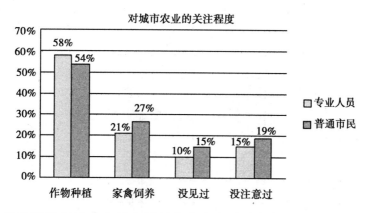

2. 您是否希望城市内部有可以从事农业活动的场所？

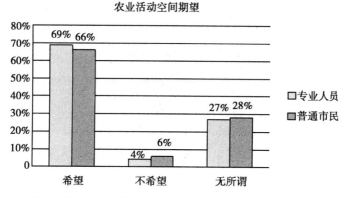

3. 您是否愿意在空闲时从事农业活动？

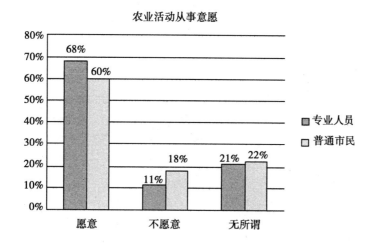

4. 您是否参与了垃圾分类？

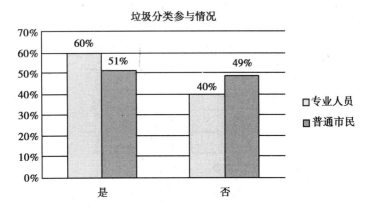

5. 您是否了解厨房垃圾堆肥技术（将厨房垃圾转变为农业活动可以使用的有机肥料）？

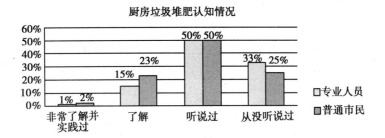

6. 在法规许可的前提下，您希望哪些农业活动出现在城市的哪些空间中？

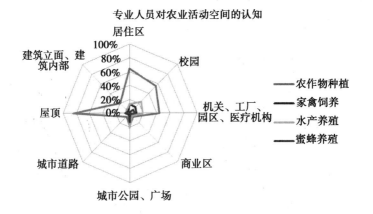

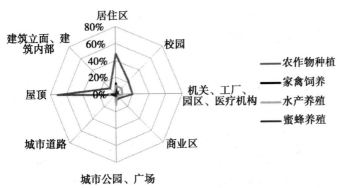

普通市民对农业活动空间的认知

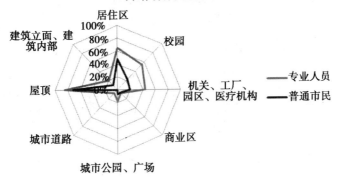

对农作物种植空间的认知

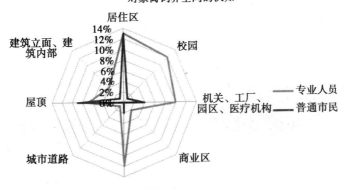

对家禽饲养空间的认知

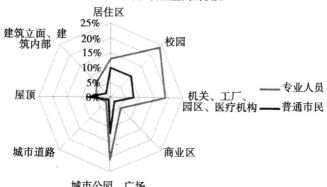

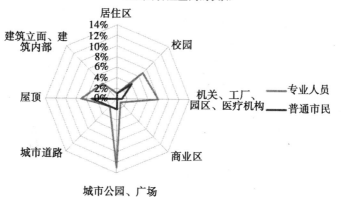

被调查者基本信息：

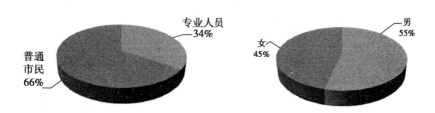

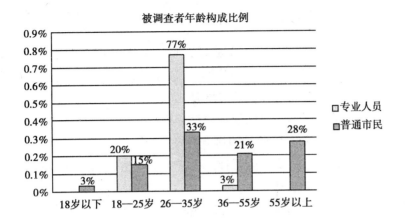

被调查者年龄构成比例

四　调查结论

1. 在问卷设计初期，调查问卷题为"城市农业认知调查问卷"，在试调查中，发现普通市民对于"城市农业"一词的认知比较模糊，而专业人员对于"城市农业"一词的认知基本为城市郊区及城市周边乡村的农业。因此，对问卷题目进行了修改并以添加说明的形式明确调查对象。这也说明在本书的研究中不宜继续使用"城市农业"这一认知模糊的概念。

2. 专业人员和普通市民对城市中农业活动的关注度均较高，对农作物种植的关注度最高。

3. 接近2/3的被调查者明确表示希望城市内部有可以从事农业活动的场所，仅有5%左右明确表示不希望城市内部有农业活动场所，专业人员和普通市民态度基本一致。

4. 约3/5左右的被调查者明确表示希望在空闲时从事农业活动，专业人员和普通市民态度基本一致；但大多数被调查者同时表示不能保证从事农业活动的持续性，这说明需要有职业的农业维护人员保证农业空间的持续性。

5. 约一半的被调查者已经参与垃圾分类，其中专业人员略多于普通市民。但大多已经参与垃圾分类的被调查者表示垃圾分类还未成为生活常态，同时表示不清楚分类后垃圾的去向和用处。

6. 绝大多数被调查者不了解堆肥技术，明确表示了解的仅有1/5左右，普通市民对堆肥的认知略高于专业人员。这说明要形成闭合的食物系统、对有机垃圾进行有效利用，就应该在宣传垃圾分类的同时加大对堆肥知识的宣传。

7. 与家禽饲养、水产养殖、蜜蜂养殖、家畜饲养（几乎无人支持城市中的家畜饲养，因此，在统计结果中未体现家畜饲养）相比，专业人员和普通市民对于农作物的种植接受度都比较高，尤其对于屋顶农作物种植几乎全部持赞同态度，这说明屋顶应该是将农业与城市进行空间联合的首选；对于生活社区农作物种植的接受度略高于50%，专业人员略高于普通市民，这说明应该探索在生活社区中开展农业活动的途径；专业人员更希望校园中存在农业活动空间。

8. 专业人员对于各类城市空间中农业活动的接受度要明显高于普通市民。

9. 在访谈中可以得知，无论专业人员还是普通市民对于城市中的农业活动都还存在很多误解，尤其对于气味、病虫害、农药、邻里纠纷、公共绿地保护表示出了较大的担心，这说明在将农业与城市联合的过程中，需要加强正面的宣传和示范。

10. 总体看来，在城市农业的认知中，专业人员与普通市民差距不大；虽然调查显示专业人员对于各类城市空间中农业活动的接受度要明显高于普通市民，但访谈中可以得知，普通市民接受度低的原因部分出于对现行城市规划建设管理制度的担心，认为现行的城市规划建设管理制度难以改变，农业活动是一种违法行为。

参考文献

外文文献

1. Amale A. and Dan W. , *Above the pavement-the farm*! , New York: Princeton Architectural Press, 2010.

2. Philips A. , *Design urban agriculture*, New Jersey: Johnwilen & Sons, Inc. , 2012.

3. Bhatt V. , Farah L. M. , Luka N. et al. , "Making the edible campus: a model for food-secure urban revitalization" *Open House International*, 2009 (2): 81 – 90.

4. Bijal T. , What is your dinner doing to the climate? (http://www. newscientist. com/article/mg19926731. 700-what-is-your-dinner-doing-to-the-climate. html).

5. Bohn & Viljoen Architects. , The case for urban agriculture as an essential element of sustainable urban infrastructure. (http://www. kbhmadhus. dk/media/389289/urban% 20agriculture_ Andr% C3% A9% 20Viljoen. pdf).

6. Bohn K. , Viljoen A. , "The CPULs city toolkit: planning productive urban landscape for European cities" *Sustainable food planning: evolving theory and practice*. Wageningen: Wageningen Academic Publishers, 2012.

7. Barrington S. , Creation of a successful community composting centre, (http://www. compost. org/English/PDF/WRW_ 2010/Edmonton/S% 20Barrington% 201,% 20U% 20McGill. pdf).

8. City of Chicago, Substitute Ordinance, 2011, The City of Chicago Official Site (http:// www. cityofchicago. org/content/dam/city/depts/zlup/Sustainable_ Development/Publications/Urban_ Ag_ Ordinance_ 9-1-11. pdf).

9. City of Minneapolis, Urban Agriculture Plan Recommendation, (http://www. ci. minneapolis. mn. us/cped/planning/plans/cped_ docs_ uapp_ chapter5).

10. CMAP, 2010a, Go To 2040, Chicago Metropolitan Agency for Planning, (http:// www. cmap. illinois. gov/2040/main).

11. CMAP, 2010b, Go To 2040 Comprehensive Regional Plan, (http://www. cmap. illinois. gov/documents/20583/3e105082-4a78-48a7-b81b-eec5f0eae9ce% 20).

12. Derkzen P., Morgan K., "Food and the city: the challenge of urban food governance" *Sustainable food planning: evolving theory and practice*. Wageningen: Wageningen Academic Publishers, 2012.

13. Despommier D., The Vertical Farm: Reducing the Impact of Agriculture on Ecosystem Functions and Services, (http://www.bluegoldengineering.biz/pdfs/TechFore.pdf).

14. Despommier D., *The vertical farm-feeding the world in the 21st century*, New York: Thomas Dunne Books, 2010.

15. Doron G., "Urban Agriculture: small, medium, large" *Architectural Design*. (http://onlinelibrary.wiley.com/doi/10.1002/ad.76/pdf).

16. Duany Plater-Zyberk&Company, LLC., Agricultural Urbanism, (http://www.lindroth.cc/pdf/QuickReadAgf.pdf).

17. Duany A., Duany Plater-Zyberk&Company, *Garden cities: theory & practice of Agrarian Urbanism*, London: The Prince's Foundation for the Built Environment, 2011.

18. Durand G., Huylenbroeck G., "Multifunctionality and rural development: a general framework" *Multifunctional Agriculture: a new paradigm for European agriculture and rural development*. England: Ashgate Publishing Limited, 2003.

19. Dubbeling M., De Zeeuw H., Van Veenhuizen R., *Cities, poverty and food: multi-stakeholder policy and planning in urban agriculture*, Leusden: Practical Action Publishing, 2010.

20. DVRPC, Greater Philadelphia Food System Study, (http://www.dvrpc.org/food/foodsystemstudy.htm).

21. Farming Concrete, Harvest 2010 Report, (http://farmingconcrete.org/2011/04/19/2010-harvest-report).

22. Gorgolewski M., Komisar J., Nasr J., *Carrot City*, New York: The Monacelli Press, 2011.

23. Graaf P. A., Schans J. W., Integrated urban agriculture in industrialized countries: design principles for locally organized food cycles in the Dutch context, (http://www.pauldegraaf.eu/portfolio/public_en.htm).

24. Graaf P. A., Room for urban agriculture in rotterdam, (http://www.pauldegraaf.eu/downloads/RvSL_Summary.pdf).

25. Graaf P. A., "Room for urban agriculture in Rotterdam: defining the spatial opportunities for urban agriculture within the industrialized city" *Sustainable food planning: evolving theory and practice*. Wageningen: Wageningen Academic Publishers, 2012.

26. Grimm J., Wagner M., Food Urbanism: a sustainable design option for urban community, (http://www.cityofdubuque.org/DocumentCenter/Home/View/2107).

27. Hattam J. , Rooftop fish farm ups the ante for urban agriculture, (http: //www. treehugger. com/green-food/rooftop-fish-farm-ups-ante-urban-agriculture. html).

28. Howe J. , White I. , "Awareness and action in the UK" *Urban Agriculture Magazine*, 2001 (7): 11 – 12.

29. Howe J. , Bohn K. , Viljoen A. , "Food in time: the history of English open urban space as a European example" *CPULs Continuous productive urban landscapes: designing urban agriculture for sustainable cities*. Oxford: Architectural Press, 2005.

30. ILFI, Living building challenge2. 1, (https: //ilbi. org/lbc/LBC% 20Documents/lbc-2. 1).

31. Jansma J. E. , Sukkel W. , Stilma E. S. C. , et al. , "The impact of local food production on food miles, fossil energy use and greenhouse gas emission: the case of the Dutch city of Almere" *Sustainable food planning: evolving theory and practice*. Wageningen: Wageningen Academic Publishers, 2012.

32. Jenna L. , Urban agriculture, Atlanta, &the regulatory context, (http: //smartech. gatech. edu/bitstream/handle/1853/40925/JennaLee _ Urban% 20Agriculture. pdf? sequence = 1).

33. Kasper C. , Giseke U. , Martin Han S. , "Designing multifunctional spatial systems through urban agriculture: the Casablanca case study" *Sustainable food planning: evolving theory and practice*. Wageningen: Wageningen Academic Publishers, 2012.

34. Kimberley Hodgson, Marcia Caton Campbell, Martin Bailkey, *Urban Agriculture: Growing healthy, sustainable places*, Chicago: APA Planners Press, 2011.

35. Knickel K. , Renting H. , "Methodological and conceptual issues in the study of multifunctionality and rural development" *Sociologia Ruralis*, 2000 (4): 512 – 528.

36. Lim C. J. , Liu Ed. , *Smart-cities and Eco-warriors*, New York: Routledge, 2010.

37. Maas W. , New solutions for new challenges, (http: //www. holcimfoundation. org/Portals/1/docs/F04/first% 20forum/Pages_ from_ firstforum_ pdf_ WMaas. pdf).

38. Maier L. , Shobayashi M. , *Multifunctionality: towards an analytical framework*, Paris: OECD (Publications Service), 2001.

39. Marsden T. , Murdoch J. , Lowe P. , et al. , *Constructing the countryside: an approach to rural development*, London: UCL Press, 1993.

40. Mees C. , "A public garden per resident? The socio-economic context of homes and gardens in the inner city" *Acta Horticulturae*, 2010 (881): 1057 – 1062.

41. Mees C. , Stone E. , "Food, homes and gardens: public community gardens potential for contributing to a more sustainable city" *Sustainable food planning: evolving theory and practice*. Wageningen: Wageningen Academic Publishers, 2012.

42. Mels A. R., Andel N., Wortmann E. et al., Greenhouse Village, design for a neighbourhood that provides for its own energy, biomass and water supply, (http://www. izmir-dikili. bel. tr/yukle/down/van_ andel. doc).

43. Morgan K., "Feeding the city: the challenge of urban food planning" *International Planning Studies*, 2009 (14): 429 – 436.

44. Mougeot L., "Urban Agriculture: concept and definition" *Urban Agriculture Magazine*, 2000 (1): 5 – 7.

45. Nikita S., Eriksen-Hamel, Danso G., "Urban compost: A Socio-economic and agronomic evaluation in Kumasi, Ghana" *Agriculture in urban planning: Generating livelihoods and food security*, London: Earthscan, 2009.

46. Nasr J. L., Komisar J. D., "The integration of food and agriculture into urban planning and design practices" *Sustainable food planning: evolving theory and practice*, Wageningen: Wageningen Academic Publishers, 2012.

47. Oqul J., Startup Profile: Edible Walls Inspire New Wave of Urban Agriculture, (http://seedstock. com/2011/04/25/green_ living_ technology_ urban_ agriculture/).

48. Peemoeller L., "Progress through process: preparing the food systems report for the Chicago Metropolitan Agency for Planning GoTo2040 Plan" *Sustainable food planning: evolving theory and practice*, Wageningen: Wageningen Academic Publishers, 2012.

49. PlaNYC 2030, A greener, greater New York City, (http://www. nyc. gov/html/ planyc2030/html/home/home. shtml).

50. Ploeg J. D., Rope D., "Multifunctionality and rural development: the actual situation in Europe" *Multifunctional Agriculture: a new paradigm for European agriculture and rural development*, England: Ashgate Publishing Limited, 2003.

51. Quirk V., The Grow Dat Youth Farm & SEEDocs: Mini-Documentaries on the Power of Public-Interest Design, (http://www. archdaily. com/245235/the-grow-dat-youth-farm-seedocs-mini-documentaries-on-the-power-of-public-interest-design/).

52. Röling W., Timmeren A., "Introducing urban agriculture related concepts in the built environment: the park of the 21st century " *SB05 Tokyo: Action for Sustainability-The 2005 World Sustainable Building Conference in Tokyo*, Japan, 27 – 29 September 2005, Rotterdam: in-house publishing, 2005.

53. Silvia M. H., Meggi P., "Sustainable Development of Megacities of Tomorrow: Green Infrastructures for Casablanca, Morocco" *Urban Agriculture magazine*, 2009 (22): 27 – 29.

54. Sonnino R., "Feeding the city: towards a new research and planning agenda" *International Planning Studies*, 2009 (14): 425 – 436.

55. Steel C. , "Sitopia-harnessing the power of food" *Sustainable food planning：evolving theory and practice*, Wageningen：Wageningen Academic Publishers, 2012.

56. Stichting EVA, EVA-Lanxmeer：Pilotproject for sustained urban development, （http：// www. plea-arch. netPLEAConferenceResourcesPLEA2004Proceedingsp0735final. pdf）.

57. Timmeren A. , Urban Sustainability through decentralisation and interconnection of energy, waste and water related solutions：case EVA Lanxmeer, （The Netherlands）, 2007, （http：//download. sue-mot. org/Conference-2007/Papers/vanTimmeren. pdf）.

58. Victorian Eco Innovation Lab, Food-sensitive planning and urban design, （http：//www. cityofdubuque. org/DocumentCenter/Home/View/2107）.

59. Victorian Eco Innovation Lab, FSPUD introduces ideas, （http：//www. heartfoundation. org. au/SiteCollectionDocuments/FSPUD-Larsen-Pt2. pdf）.

60. Viljoen A. , Bohn K. , "Planning and designing food systems, moving to the physical" *Sustainable food planning：evolving theory and practice*. Wageningen：Wageningen Academic Publishers, 2012.

61. Vogel G. , "Upending the traditional farm" *Science*, 2008 （2）：752 – 753.

62. Waldheim C. , Notes Toward a History of Agrarian Urbanism, （http：//places. designobserver. com/feature/notes-toward-a-history-of-agrarian-urbanism/15518）

63. Wiskerke J. S. C. , "On places lost and places regained：reflections on the alternative food geography and sustainable regional development" *International Planning Studies*, 2009 （14）：361 – 379.

中文文献

1. ［加］艾伦·卡尔松：《自然与景观》，陈李波译，湖南科学技术出版社 2006 年版。

2. 白玉华、章小军、雷志洪等：《垂直流人工湿地净化机理及工程实践》，《北京工业大学学报》2008 年第 6 期。

3. ［瑞士］保罗·伯基：《"大鲁尔"城市文脉中的农业景观美学》，《景观设计学》2010 年第 1 期。

4. 本刊评论员：《城市规划要重视研究农业问题》，《城市规划》1990 年第 3 期。

5. 伯杰合伙公司：《富饶的社区：西雅图城市农业探索项目案例研究》，《风景园林》2013 年第 3 期。

6. 蔡建明、罗彬怡：《从国际趋势看将都市农业纳入到城市规划中来》，《城市规划》2004 年第 9 期。

7. 蔡意中：《上海现代都市农业可持续发展问题研究》，南京农业大学，2000 年。

8. 陈波、杨卫丽、苏原：《"3G-BOX"复合型生态建筑设计》，《华中建筑》2011 年第 7 期。

9. 陈贞妍：《基于 AHP 的都市农业用地规划研究》，硕士学位论文，天津大学，2012 年。

10. 陈清明、陈启宁、徐建刚：《城市规划中的社会公平性问题浅析》，《人文地理》2000 年第 1 期。

11. 程存旺、周华东、石嫣等：《多元主体参与、生态农产品与信任——"小毛驴市民农园"参与式试验研究分析报告》，《兰州学刊》2011 年第 12 期。

12. 崔璨：《给养城市》，硕士学位论文，天津大学，2010 年。

13. ［加］道格·桑德斯：《落脚城市》，陈信宏译，上海译文出版社 2013 年版。

14. ［美］蒂莫西·比特利：《绿色城市主义——欧洲城市的经验》，邹越、李吉涛译，中国建筑工业出版社 2011 年版。

15. 董正华、袁卫东：《现代化进程中的东亚城市农业》，《战略与管理》1999 年第 2 期。

16. 方斌：《第一产业在城市中定位的思考》，《城市规划汇刊》1996 年第 3 期。

17. 方创琳、刘晓丽、蔺雪芹：《中国城市化发展阶段的修正及规律性分析》，《干旱区地理》2008 年第 7 期。

18. 高楠：《从"空中花园"到"空中菜园"的新型城市屋顶绿化设计研究》，硕士学位论文，上海交通大学，2012 年。

19. 高宁、华晨：《工业用地复兴的双向联动功能聚集体模式设计探讨——以京杭大运河（杭州段）为例》，《规划师》2009 年第 3 期。

20. 高宁：《基于农业城市主义理论的规划思想与空间模式研究》，博士学位论文，浙江大学，2012 年。

21. 高宁、华晨、［比］Allaert G.：《多功能农业与乡村地区发展》，《小城镇建设》2012 年第 4 期。

22. 高宁、华晨、朱胜萱等：《农业城市主义策略体系初探》，《国际城市规划》2013 年第 1 期。

23. 高宁、华晨：《城市与农业关系问题研究规划学科新的理论增长点》，《城市发展研究》2013 年第 12 期。

24. 根特城市研究小组：《城市状态：当代大都市的空间、社区和本质》，敬东译，中国水利水电出版社、知识产权出版社 2005 年版。

25. 顾孟潮：《城乡融合系统设计——荐岸根卓郎先生的第十本书》，《建筑学报》1991 年第 12 期。

26. 顾晓君：《都市农业多功能发展研究》，博士学位论文，中国农业科学院，2007 年。

27. 郭世方：《引入农业的城市空间研究》，硕士学位论文，清华大学，2012 年。

28. 郝晓地、衣兰凯、仇付国：《源分离技术的国内外研发进展及应用现状》，《中国给水排水》2010 年第 6 期。

29. ［日］黑川纪章：《新共生思想》，覃力、杨熹微、慕春暖等译，中国建筑工业出版社 2009 年版。

30. ［日］黑川纪章：《城市革命——从公有到共有》，徐苏宁、吕飞译，中国建筑工业出版社 2011 年版。

31. 贺丽洁、罗杰威：《以生态文明观发展小城镇的都市农业》，《哈尔滨工业大学学报》（社会科学版）2013 年第 7 期。

32. 何舒文、邹军：《基于居住空间正义价值观的城市更新评述》，《国际城市规划》2010 年第 4 期。

33. 洪慧敏：《吃进去的是垃圾 吐出来的是肥料》，《今日早报》2012 年 9 月 30 日。

34. 侯晓龙、马祥庆：《中国城市垃圾的处理现状及利用对策》，《污染防治技术》2005 年第 12 期。

35. 华晨：《规划之时也是被规划之日——规划作为一级学科的特征分析》，《城市规划》2011 年第 12 期。

36. 华晨、高宁、［比］乔治·阿勒特：《从村庄建设到地区发展——乡村集群发展模式》，《浙江大学学报》（人文社会科学版）2012 年第 3 期。

37. 黄杉：《城市生态社区规划理论与方法研究》，博士学位论文，浙江大学，2010 年。

38. ［英］霍华德：《明日的田园城市》，金经元译，商务印书馆 2010

年版。

39. 胡新军、张敏、余俊锋等：《中国餐厨垃圾处理的现状、问题和对策》，《生态学报》2012 年第 14 期。

40. 姜虎、李文哲、刘建禹等：《城市餐厨垃圾资源化利用的问题和对策》，《环境科学与管理》2010 年第 6 期。

41. 贾子利：《北京市生活垃圾分类及处置方式研究》，硕士学位论文，北京林业大学，2011 年。

42. 季欣：《建筑与农业一体化研究》，硕士学位论文，天津大学，2011 年。

43. 姬亚岚：《多功能农业的产生背景、研究概况与借鉴意义》，《经济社会体制比较》2009 年第 4 期。

44. 姬亚岚：《多功能农业与中国农业政策研究》，博士学位论文，西北大学，2007 年。

45. ［美］霍尔·肖特、［美］皮特·林赛·肖特：《城市农业的避风港：美国芝加哥的屋顶花园》，《风景园林》2013 年第 3 期。

46. 卡罗琳·斯蒂尔：《食物越多越饥饿》，刘小敏、赵永刚译，中国人民大学出版社 2010 年版。

47. ［英］卡特林·波尔、［英］安德烈·维翁：《连贯式生产性城市景观（CPULs）：关键基础设施的设计》，《景观设计学》2010 年第 1 期。

48. ［法］柯布西耶：《明日之城市》，李浩译，中国建筑工业出版社 2009 年版。

49. ［意］卡罗·佩特里尼：《慢食运动：为什么食品要讲究优良、清洁、公平？》，尹捷译，新星出版社 2010 年版。

50. 康艳红、张京祥：《人本主义城市规划反思》，《城市规划学刊》2006 年第 1 期。

51. ［英］卡特林·波尔、［英］安德烈·维翁：《连贯式生产性城市景观（CPULs）：关键基础设施的设计》，《景观设计学》2010 年第 1 期。

52. 兰波：《性感建筑 VS 城市生与死》，《华夏时报》2012 年 7 月 6 日。

53. 廖妍珍：《我国屋顶农场的现状分析与关键技术研究》，《山西建筑》2010 年第 4 期。

54. ［英］理查德·罗杰斯、［英］菲利普·古姆齐德简：《小小地球上的城市》，仲德崑译，中国建筑工业出版社 2004 年版。

55. 李倞：《现代城市景观基础设施的设计思想和实践研究》，博士学位论文，北京林业大学，2011 年。

56. 李倞：《现代城市农业景观基础设施》，《风景园林》2013 年第 3 期。

57. 李京生、马鹏：《城市规划中的社会课题》，《城市规划学刊》2006 年第 2 期。

58. 李红梅、陈立权、陈贵：《浅谈城市垃圾的危害及污染控制》，《中国高新技术企业》2008 年第 16 期。

59. 李利：《开放式博物馆理论在杭州运河遗产保护规划中的应用》，硕士学位论文，浙江大学，2010 年。

60. 林若琪、蔡运龙：《我国多功能农业制度发展研究》，《经济地理》2011 年第 11 期。

61. 李欣、魏春雨：《都市绿岛——一种城市有机共生模式畅想》，《中外建筑》2010 年第 5 期。

62. 刘娟娟：《我国城市建成区都市农业可行性及策略研究》，博士学位论文，华中科技大学，2011 年。

63. 刘娟娟、李保峰、宁云飞等：《食物都市主义的概念、理论基础及策略体系》，《规划师》2012 年第 3 期。

64. 刘烨：《垂直农业初探》，硕士学位论文，天津大学，2010 年。

65. 刘烨、张玉坤：《垂直农业建筑浅析——以绿色收获计划为例》，《新建筑》2012 年第 4 期。

66. 李双：《城市生产性景观的实践与思考》，硕士学位论文，中国艺术研究院，2012 年。

67. 李志刚、李斌：《中国经济发展模式的必然选择——循环经济》，《生态经济》2003 年第 5 期。

68. 李阳：《生产性景观在城市环境设计中的应用价值研究》，《艺术与设计（理论）》2012 年第 4 期。

69. 李玉柱：《"中国城市化的反思与创新"学术研讨会综述》，《中国人口科学》2012 年第 3 期。

70. ［瑞士］吕卡·帕塔罗尼、伊夫·佩德拉齐尼：《不安全与割裂：拒绝令人恐惧的城市化》，载《城市：改变发展轨迹（看地球2010）》，社会科学文献出版社 2010 年版。

71. ［加］卢克·穆杰特：《养育更美好的城市——都市农业推进可持续

发展》蔡建明、郑艳婷、王妍译，商务印书馆 2008 年版。

72. 罗长海：《都市农业及其空间结构》，《安徽农业科学》2009 年第
    34 期。

73. ［美］麦克哈格：《设计结合自然》，芮经纬译，天津大学出版社 2006
    年版。

74. ［加］马克·德·维利耶：《人类的出路》，唐奇译，中国人民大学出
    版社 2012 年版。

75. 美国肯尼斯魏凯风景园林事务所：《拉斐特绿地》，《风景园林》2013
    年第 3 期。

76. 孟建民：《迎接城市农业化革命》，中国建设报，2008 年 11 月 6 日第
    8 版。

77. 马杰、张洪波：《大城市都市农业与城市可持续发展初探》，《四川建
    筑》2006 年第 8 期。

78. ［德］尼科·巴克等：《增长的城市增长的食物——都市农业之政策
    议题》，蔡建明等译，商务印书馆 2005 年版。

79. 宁超乔、徐培玮、邢记明：《都市农业的城市规划思考》，《城市发展
    研究》2006 年第 2 期。

80. 倪鹏飞、侯庆虎、梁华等：《中国城市竞争力报告 NO.10》，社会科学
    文献出版社 2012 年版。

81. 牛晓菲：《社区农业与生态住区建设》，硕士学位论文，天津大学，
    2012 年。

82. 潘家华、魏后凯：《中国城市发展报告 NO.4——聚焦民生》，社会科
    学文献出版社 2011 年版。

83. 潘家华、魏后凯：《中国城市发展报告 NO.5——迈向城市时代的绿色
    繁荣》，社会科学文献出版社 2012 年版。

84. 皮立波：《现代都市农业的理论和实践研究》，博士学位文论，西南财
    经大学，2001 年。

85. 钱学森：《第六次产业革命和农业科学技术》，《农业技术经济》1985
    年第 5 期。

86. 秦红岭：《环境伦理观：一种重要的城市规划价值观》，《高等建筑教
    育》2009 年第 2 期。

87. 仇保兴：《19 世纪以来西方城市规划理论演变的六次转折》，《规划

师》2003 年第 11 期。

88. 仇保兴：《城乡统筹规划的原则、方法和途径——在城乡统筹规划高层论坛上的讲话》，《城市规划》2005 年第 10 期。

89. 齐玉芳：《都市农业型社区建设》，硕士学位论文，天津大学，2012 年。

90. 单吉堃：《促进都市农业规范发展对策研究》，《经济纵横》2006 年第 11 期。

91. 史克信：《城市农业空间形态的历史发展对当代的启示》，硕士学位论文，山东建筑大学，2012 年。

92. 石楠：《什么是城市规划？》，《城市规划》2005 年第 11 期。

93. 石嫣、程存旺：《社区支持农业的兴起与发展》；世界经济年鉴编辑委员会：《世界经济年鉴 2011/2012》，经济科学出版社 2012 年版。

94. 宋玥：《我国快速城市化阶段的生产性景观实践研究》，硕士学位论文，天津大学，2011 年。

95. 孙莉、张玉坤：《都市农业——在城市层面实践"永续农业"思想》；《转型与重构——2011 中国城市规划年会论文集》，东南大学出版社 2011 年版。

96. 孙施文：《城市规划哲学》，中国建筑工业出版社 1997 年版。

97. 孙施文：《城市规划不能承受之重——城市规划的价值观之辨》，《城市规划学刊》2006 年。

98. 孙曙峦：《"菜园子"到"菜篮子"距离能否再近点》，《广州日报》，2012 年 5 月 7 日。

99. 孙艺冰、张玉坤：《都市农业在国外建筑和规划领域的研究及应用》，《新建筑》2013 年第 4 期。

100. 苏雪痕：《创造绿色 GDP 大有可为》，《景观设计学》2010 年第 1 期。

101. Swa 集团：《南湖：城中之乡》，《风景园林》2013 年第 3 期。

102. 唐贤春、钱靓、陈洪斌等：《分散式分质排污及资源化处理系统的研究与应用进展》，《中国沼气》2006 年第 2 期。

103. 田洁、刘晓虹、贾进等：《都市农业与城市绿色空间的有机契合——城乡空间统筹的规划探索》，《城市规划》2006 年第 10 期。

104. ［英］提莫斯·海斯、朱岩、邵一鸣：《垂直农场：以高层建筑为载体来供养城市？》，载《崛起中的亚洲：可持续性摩天大楼城市的时代：多学科背景下的高层建筑与可持续城市发展最新成果汇总——世界高层都市建筑学会第九届全球会议论文集》，http： // www. cnki. nee/2012 年。

105. Urbanus Architecture&Design Inc：《新闻土的故事》，《时代建筑》2011 年第 5 期。

106. 王安栋：《地方公共财政支出和城市空间发展》，《财经问题研究》2004 年第 5 期。

107. 王峰玉、朱晓娟：《我国城市农业的价值与发展障碍分析》，《黑龙江农业科学》2013 年第 4 期。

108. 王凯、徐颖：《〈城市用地分类与规划建设用地标准（GB50137—2011）〉问题解答（二）》，《城市规划》2012 年第 5 期。

109. 王丽蓉、杨锐：《以"垂直农场"景观为依托的都市托老所营建》，《南京林业大学学报》（人文社会科学版）2012 年第 6 期。

110. 王思明：《农史研究：回顾与展望》，《农业考古》2003 年第 1 期。

111. 王文波：《建筑屋顶的解读：从形态到功能》，硕士学位论文，天津大学，2012 年。

112. 王雅雯、张天新：《永续设计理念下的社区农园布局形态》，《规划师》2013 年第 7 期。

113. 王勇、李广斌：《对城市规划价值观的再思考》，《城市问题》2006 年第 9 期。

114. 万潇颖：《国外都市农业的发展及对中国城乡规划的启示》，《多元与包容——2012 中国城市规划年会论文集》，2012 年。

115. 万潇颖：《都市农业发展与都市农业园区规划策略研究》，硕士学位论文，华中科技大学，2012 年。

116. 魏艳、赵慧恩：《我国屋顶绿化建设的发展研究——以德国、北京为例对比分析》，《林业科学》2007 年第 4 期。

117. 韦亚平、赵民：《关于城市规划的理想主义与理性主义理念——对"近期建设规划"讨论的思考》，《城市规划》2003 年第 8 期。

118. 韦亚平：《着力构建以"控规"为核心的地方空间增长管理体系》，《城市规划》2011 年第 2 期。

119. 韦元雅、宋鹏、陈五岭：《堆肥法处理城市有机垃圾研究综述》，《上海环境科学》2008 年第 5 期。

120. 吴未：《都市化社区中的农业》，《城市发展研究》2012 年第 11 期。

121. 徐芃：《中外生产性景观的概述》，《江西农业学报》2012 年第 3 期。

122. 许强、曹文平、王云苏：《城市垃圾处理方法及趋势》，《山西建筑》2012 年第 8 期。

123. 徐娅琼：《农业与城市空间整合模式研究》，硕士学位论文，山东建筑大学，2011 年。

124. 徐筱婷、王金瑾：《生产性景观演化的动因分析》，《湖南农业大学学报》（自然科学版）2010 年第 12 期。

125. 杨保军：《城市规划 30 年回顾与展望》，《城市规划学刊》2010 年第 1 期。

126. 杨先海、吕传毅、褚金奎：《城市生活垃圾预处理和资源化研究》，《再生资源研究》2003 年第 1 期。

127. 杨振山、蔡建明：《都市农业发展的功能定位体系研究》，《中国人口·资源与环境》2006 年第 5 期。

128. 尹莎莎：《城市居住区果蔬种植的景观设计探研》，硕士学位论文，云南艺术学院，2013 年。

129. ［美］伊丽莎白·亨德森、［美］罗宾·范·恩：《分享收获：社区支持农业指导手册》，石嫣、程存旺译，中国人民大学出版社 2012 年版。

130. 叶茂乐、李艳艳：《厦门屋顶休闲农业发展探析》，《福建建筑》2011 年第 1 期。

131. 应云仙：《基于生态伦理的城市规划价值观研究》，硕士学位论文，浙江大学，2007 年。

132. 衣霄翔：《西方城市规划的新课题：社区食物系统》，《规划师》2012 年第 6 期。

133. 俞孔坚：《回归生产》，《景观设计学》，2010 年第 1 期。

134. 俞孔坚、路宾：《艺术之田：芝加哥北格兰特公园设计》，《景观设计学》2010 年第 1 期。

135. 于炼：《"城市农业"的理论思考与施政体现》，《中国发展》2008 年第 2 期。

136. 曾熊生：《论中国古代城市对农业的贡献》，《The Journal of Chinese

Studies，Institute of Chinese Studies in Pusan National University》，2008
年第 2 期。

137. 张法：《西方理论对日常生活美学的三种态度》，《中州学刊》2012
年第 1 期。

138. 张光直：《中国文化中的饮食——人类学和历史学的透视》，郭于华
译，见［美］尤金·N. 安德森《中国食物》，马孆、刘东译，江苏
人民出版社 2003 年版。

139. 张慧：《公共租赁花园的发展及规划设计研究》，硕士学位论文，北
京林业大学，2011 年。

140. 张嘉铭：《生产性景观应用于遗址环境规划设计的研究》，硕士学位
论文，西安建筑科技大学，2011 年。

141. 章俊华：《城市向哪儿学?》，《中国园林》2008 年第 1 期。

142. 章俊华：《LANDSCAPE 思考》，中国建筑工业出版社 2009 年版。

143. 张昊哲：《基于多元利益主体价值观的城市规划再认识》，《城市规
划》2008 年第 6 期。

144. 张敏：《南京屋顶花园的营造与设计》，硕士学位论文，南京林业大
学，2010 年。

145. 张敏霞、鲍沁星、刘斯萌：《生产性景观视角下的"退城还耕"构
想》，《湖南农业科学》2012 年第 2 期。

146. 张田：《城市农业活动与设计策略研究》，硕士学位论文，山东建筑
大学，2011 年。

147. 张庭伟：《城市发展决策和规划实施问题》，《城市规划汇刊》2000
年第 3 期。

148. 张庭伟：《知识·技能·价值观——美国规划师的职业教育标准》，
《城市规划汇刊》2004 年第 2 期。

149. 张睿、吕衍航：《城市中心"农业生态建筑"解读》，《建筑学报》
2011 年第 6 期。

150. 张玉坤、孙艺冰：《国外的"都市农业"与中国城市生态节地策
略》，《建筑学报》2010 年第 4 期。

151. 张玉坤、陈贞妍：《基于都市农业概念下的城郊住区规划模式探讨》，
《天津大学学报》（社会科学版）2012 年第 5 期。

152. 赵晨霞：《都市农业的内涵、特征及发展对策》，《北京农业职业学院

学报》2002 年第 9 期。

153. 赵继龙、陈有川、牟武昌：《城市农业研究回顾与展望》，《城市发展研究》2011 年第 10 期。

154. 赵继龙、张玉坤：《城市农业规划设计的思想渊源与研究进展》，《城市问题》2012 年第 4 期。

155. 赵继龙、张玉坤：《西方城市农业与城市空间的整合实验》，《新建筑》2012 年第 4 期。

156. 赵雯亭、王科奇：《浅说高校校园生产性景观》，《科技信息》2011年第 35 期。

157. 祝文静：《居住区农园——都市农业发展新思路》，硕士学位论文，天津大学，2012 年。

158. 周律、李健：《生态卫生系统在中国北方城镇的费用效益分析：案例研究》，《清华大学学报》（自然科学版）2009 年第 3 期。

159. 周年兴、俞孔坚：《农田与城市的自然融合》，《规划师》2003 年第3 期。

160. 朱乐尧、周淑景：《环城农业——中国城市农业问题发展研究》，中央编译出版社 2008 年版。

161. 朱胜萱、高宁：《屋顶农场的意义及实践：以上海"天空菜园"系列为例》，《风景园林》2013 年第 3 期。

162. 邹德秀：《绿色的哲理——对农业的起源、演化、体系及农耕文化、农业社会学的新探索》，农业出版社 1990 年版。

163. ［日］祖田修：《农学原论》，张玉林等译，中国人民大学出版社2003 年版。

技术标准

1. 全国人民代表大会常务委员会，中华人民共和国主席令第 23 号，《中华人民共和国城市规划法》，2000 年。

2. 中华人民共和国建设部令第 14 号，《城市规划编制办法》，1991 年。

3. 中华人民共和国建设部令第 14 号，《城市规划编制办法实施细则》，1991 年。

4. 中华人民共和国住房和城乡建设部第 880 号，《城市用地分类与规划建设用地标准（GB 50137—2011）》，2011 年。

5. 中华人民共和国建设部第 671 号，《种植屋面工程技术规程（JGJ155—2007；J683—2007)》，2007 年。

6. 中华人民共和国国土资源部，《土地利用现状分类（GB/T 21010—2007)》，2007 年。

7. 中华人民共和国环境保护部，《人工湿地污水处理工程技术规范（HJ2005—2010)》，2011 年。

8. 浙江省杭州市人大常委会第 51 号，《杭州市城市绿化管理条例》，2011 年。

9. 杭州市人民政府法制办公室，《杭州市城市绿化管理条例实施细则（征求意见稿一)》，2012 年。

后　记

　　幸运、幸福和感恩是本书完成之际的感悟。为在人生的不同阶段都能够遇到良师而感到幸运，为找到能够成为自己人生动力和人生信仰的研究方向而感到幸福，这些幸运和幸福的背后则是我满满的感恩。

　　本书是在我的博士论文《基于农业城市主义理论的规划思想与空间模式研究》的基础上修改而成的。为此，我深深感谢我的导师华晨教授。为人，老师中正平和，宠辱不惊；治学，老师敏锐严谨，通达广博。于做人，老师授我以豁达的人生态度；于做学问，老师授我以开放而又严谨的思维方式。老师营造的宽松开放的学习环境让我感受到自由思考研究方向的乐趣。这种乐趣在于，在思考和寻找的过程中，它已经不知不觉地渗透到我的生命中，一旦明确，它便成了我的人生信仰，这也是论文完成之际我最大的幸福——从此之后，营造一个与农业共生的环境就是我的人生信仰。尽管思维可以无限开放，然而，写作本身是一个严谨的过程，在这个过程中，老师给予了我完成论文的信心以及最大的宽容和耐心。交叉学科的研究"看起来很美"，实际操作中则很容易游走于不同的学科之间，背离自己学科的核心内容。正是老师不辞辛劳一次次将我游离的思路拉回到学科的核心内容中，同时鼓励我继续借鉴其他学科有益的理论和方法，如此，此书才能够成形。回想这过程中的点滴，老师这种"放出去再拉回来"的方式中包含着他对学生自主创造力的尊重和信任，对此，我只能再次深深叩谢师恩。感谢我的合作导师，比利时根特大学交通和空间规划中心的 Georges Allaert 教授。在比利时学习期间，Georges Allaert 教授为我展示了比利时空间规划学科广博的研究范围，其中，我发现了比利时空间规划中对于农业的关注和重视，并认为这可能能够解答我一直以来思考的问题和困惑。Georges Allaert 教授帮助我全面了解了这一领域，为我提供了充足的学习资料和与同行交流的机会，这也促成了本书最终的选题和部分研究内容。

感谢赵天宇教授、沈清基教授、运迎霞教授、周婕教授、孟海宁教授、李王鸣教授、王竹教授、葛坚教授、杨建军教授对本书的评阅和指导，诸位老师不仅坚定了我在该领域深入研究的信心，也指出了我今后的研究着力点，这于我也是一笔极宝贵的财富。感谢徐雷教授、杨秉德教授、后德仟教授、李咏华副教授、葛丹东副教授等多位老师在我求学过程中给予我的指导和关心。

感谢东联设计集团的首席设计师朱胜萱先生。在东联设计集团与浙江大学建筑工程学院成立的创研中心平台上，朱先生无私地为我提供实践的案例和实证的机会，他对于该领域的认识和坚定的信仰都令我深深敬佩，并使我对于该领域的研究和实践前景更为乐观。同时，我也为能够碰到有相同信仰的人而备感幸运，每每与朱先生交流，皆激动不已，斗志昂扬。感谢东联设计集团的多位同仁多次为我解答实证中的问题。

此外，要特别感谢天津大学张玉坤教授及其团队、山东建筑大学赵继龙教授及其团队、北京大学俞孔坚教授及其团队、浙江农林大学姬亚岚副教授、华中科技大学刘娟娟老师等该领域的研究先行者。尽管我与这些老师从未能直接交流，但他们在该领域的先期开拓令我深深敬佩，他们的研究成果也为我提供了进一步研究的基础和灵感。更重要的是，得知在该领域有如此多的同行者令我备感温暖也备受鼓舞。为此，也希望本书能够将这种温暖和研究灵感继续传递给正在这条道路上前行的其他同仁。

感谢荷兰建筑师 Paul de Graaf 为我提供该领域最新的研究动向和出版物；感谢德国莱布尼兹农业景观研究中心的 Annette Piorr 博士为我寄送相关的研究资料；感谢比利时空间规划和城乡建设部的 Hans Leinfelder 为我多次答疑解惑；感谢比利时根特大学交通和空间规划中心的同事在我学习期间给予我无私的帮助和鼓励；感谢比利时根特大学农业经济研究中心的 Evy Mettepenningen 不厌其烦地为我开列参考书目。

感谢我的家人，家人对我的包容和关爱是我最宝贵的财富。感谢我的父母，你们带给了我一切；感谢我的弟弟，你的出生让我感受到了血缘的神奇；感谢我的先生胡迅，没有你的支持我无法完成本书。

最后感谢浙江省哲学社会科学规划课题（13HQZZ035）"与农业联合的城市：农业城市主义理论研究"、教育部人文社科青年基金

（14YJCZH033）"兼容农业的城市居住社区形成机制及营建模式研究"为本书提供的出版资助，感谢中国社会科学出版社及本书的责任编辑宫京蕾女士在本书出版过程中给予的帮助和支持。

高　宁

2013 年 12 月 22 日夜于杭州